心理学与表达力影响力

洪琳　编著

中国纺织出版社

内 容 提 要

我们都生活在一定的集体中，免不了与人交流与沟通，而人际关系好的人很明显有个撒手锏——说话时把握人心，了解如何为人处世，进而左右逢源，受人欢迎。

本书告诉我们心理学对于社交能力的重要性，并深入浅出地阐述了如何通过语言心理策略的运用来获得他人的信任和支持、提升影响力，使我们在人际交往中变得更加圆融，更加有影响力。

图书在版编目（CIP）数据

心理学与表达力影响力 / 洪琳编著.—北京：中国纺织出版社，2018.11（2023.7重印）

ISBN 978-7-5180-5395-7

Ⅰ.①心… Ⅱ.①洪… Ⅲ.①心理学—通俗读物 Ⅳ.①B84-49

中国版本图书馆CIP数据核字（2018）第211428号

责任编辑：闫 星　　特约编辑：王佳新　　责任印制：储志伟

中国纺织出版社出版发行

地址：北京市朝阳区百子湾东里A407号楼　邮政编码：100124

销售电话：010—67004422　传真：010—87155801

http：//www.c-textilep.com

E-mail：faxing@c-textilep.com

中国纺织出版社天猫旗舰店

官方微博http：//weibo.com/2119887771

北京兰星球彩色印刷有限公司印刷　各地新华书店经销

2018年11月第1版　　2023年7月第3次印刷

开本：710×1000　1/16　印张：15

字数：165千字　定价：49.80元

前言

我们都知道，人都是生活在一定的集体之中，而人际沟通的主要方式就是语言。诗人但丁说："语言作为工具，对于我们之重要，正如骏马对骑士；最好的骏马适合于最好的骑士，最好的语言适合于最好的思想。"日本的池田大作也说："语言是我们所知道的最庞大、最广博的艺术，是世世代代无意识地创造出来的无名氏的作品。"的确，会不会说话真的太重要了。

一个人说话水平的高低，已成为其生活及事业能否取得成功的关键因素。生活中我们经常看到，人与人之间的沟通中，有时候一句话既可以化干戈为玉帛，也可以让朋友之间老死不相往来；可以让一单生意就此泡汤，更可能让爱人就此离开。可见，说话与我们的生活密切相关。

我们每个人每天都在说话，但是能把话说好的人却不多，因为说话看似简单，但却也很难，难就难在把话说得直指人心。事实上，那些会说话、左右逢源的人总是能把握各种细节，了解他人的微妙心思，在三言两语之间就把话真正说到对方心里，他们总是能带动交际场合的氛围，总是能说服他人、达到自己的目的。

要知道，在这个世界上，最难以捉摸的是一个人的心理，为此，一定要学会“攻心”，以“心”为重。因此，你在训练自己口才的同时，还要掌握一定的心理学知识，学会察言观色，了解对方的心理，以此来决定什么时机该说什么话，什么时机不该说什么话，或是该说多少话。

《心理学与表达力、影响力》就是这样一本贴合人心的读物，本书从说话过程中涉及的重要因素如观察、倾听、言辞等这些方面来培养我们的心理学意识，内容涉及职场、求人办事、销售、交际等，注重心理技巧的应用和实际可操作性，深入浅出，全面而又准确地教我们在说话过程中如何运用心理学，可谓是一本完备的语言技巧指南。相信本书能让你更有技巧和更有智慧地说话，能助你获得最佳的沟通效果，进而轻松达成自己的沟通目的。

编著者

2018年2月

目录

第01章　会说话走遍天下，懂心理让你的话具有影响力……001

打开心理闸门，突破说话的心理障碍……002

礼貌措辞，展现你的良好素质……003

把话说到对方心里，令其欣然接受……006

以情动人，言语间展现你的真情实意……007

看人说话，三思而后言……008

言语真诚，倾注真情……010

第02章　初次见面说有影响力的话，让他人与你一见如故……013

制造共鸣，令对方产生惺惺相惜的感觉……014

初次见面时，就要记住对方的名字……017

重视交谈开始后的五分钟……019

尊重为先，让对方倍感亲切……022

开口倾心，说让对方开心的话……024

趣味幽默，让你的言语妙趣横生……028

第03章 倾听到位让你知人心，看清人事再表达也不迟……031

侧耳倾听，能有效避免言多语失……032

听语气，助你了解他人内心世界……034

从音色着手，开口前先看清对方性格……037

倾听不傻听，关键时候给予反馈……039

听话有重点，提高倾听效率……041

摆脱主观因素的影响，客观公正地倾听……043

第04章 细心观察，了解人心才能表达正确……047

察言观色，才能灵活说话……048

有意识地记住他人名字，留下良好印象……050

观察他人表情，读懂对方的心……052

眼为心门，读懂眼睛才能读懂心……054

手势是我们把握对方心里的突破口……057

点头并不一定意味着认可……059

第05章 掌控对方心思，找出你想要的答案……063

善加引导，让对方了解你的心理……064

以心换心，用你的私事诱导对方说出心事……066

巧用激将法，激起对方不服输的情绪……068

寻求他人帮助时，不过分夸大困难……070

小心谈话，避开他人的“语言软肋”……072

第06章 几种讨人喜欢的表达方式，让你更受欢迎……077

笑容是最纯真美好的名片……078

吃惊的表情，能够让对方兴致勃勃……080

放低自己，抬高对方……082

语言低调，给对方留下平易近人的印象……085

主动承认错误，消除不快……088

第07章 使用这些秘密武器，让你的表达更有影响力……093

流泪是一种心理战术……094

抓住对方在意的重点，暗合对方心理……096

声音厚重洪亮，令人产生好感……098

沉默是金，让你的言辞产生强大的气场……101

说话底气足会更有说服力……102

妙用非语言的重要辅助作用……104

第08章 会用心理学说服，让他人心服口服……107

利用权威心理，让说服工作事半功倍……108

说服要迂回前进，才是明智之举 110
对逆反心理者，运用灵活的办法说服 113
妙用打比方，令说服效果更加显著 116
情理结合，才能打动人心 119
每个人心里都有“软肋” 121

第09章 不敢直说没什么，巧用暗示影响心理 125

敲山震虎，令对方认识到自己的错误 126
将困难摆出来，让对方“收回成命” 129
委婉暗示，醉翁之意不在酒 131
曲径通幽，用暗示打消他人的疑虑 133
善于用含蓄的语言来表达自己的需求 135

第10章 饭不可以乱吃，话不能随便乱说 137

委婉表达，谁也不喜欢被否定 138
不要随意贬低别人的穿着打扮 140
低调谦逊，永远不要自以为是 143
谨言慎行，不要恶语伤人 145
千万不要命令或者指挥他人 148

第11章 面对质疑挑衅，心理学助你顺利表达自己……151

面对他人挑衅，淡定应对……152

面对质疑，清者自清……154

逆向思维，推陈出新巧解难题……156

三言两语，对取笑者进行有力反击……158

迅速灵巧变通，为自己开脱……161

第12章 职场立足无阻力，高超表达力助你玩转职场……163

面试小技巧，给面试官留下好印象……164

把握好度，把赞美说得恰到好处……167

领导也要注意言辞，批评与表扬都要适当……170

说话“有板有眼”，展示你的领导威严……172

恩威并用，获得下属的信任和支持……174

巧妙汇报工作，句句话说到上司心坎上……176

第13章 表达到位气氛好，会说话让你左右逢源……181

用语言暖场是我们要掌握的重要心理策略……182

冷场时，如何炒热气氛……184

含蓄地回避矛盾是一种战术……186

良好的交流，离不开轻松愉悦的交谈氛围……188

学会说点赞美他人的话 …… 190

与陌生人交谈，先说一些套近乎的话题 …… 194

参考文献 …… 197

第01章

会说话走遍天下，懂心理让你的话具有影响力

言语是思想的衣裳，谈吐是行动的翅膀，口才可以表现出一个人的睿智和高雅，也可以暴露出一个人的愚蠢和低俗。好的语言如同好的色彩，易让人感受到你的为人，能有效发挥沟通的作用。缜密的思维，机智的应答，准确的表达，这一切无疑都来源于我们对他人心理的把握，懂点心理学能让你的话更有影响力。

打开心理闸门，突破说话的心理障碍

从心理学的角度来说，人必须肯定自己，才有可能拥有自信。生活中，我们总是羡慕地看着那些自信心爆棚的人，似乎不管做什么事情都能风生水起。然而，我们即便极力模仿，也很难变得像他们一样。由此一来，我们总是很郁闷，不知道自己为什么不能做到积极乐观，自信开朗。尤其是当其他人侃侃而谈时，躲在角落中的我们更是无比自卑，恨不得自己也能在一瞬间变得自信起来。实际上，要想自信，要想变得侃侃而谈，首先要突破自身的心理门槛。常言道，人最大的敌人就是自己。我们唯有突破自己，超越自己，才能取得突飞猛进的发展。

很多人在社交群体中总是躲在角落中没有勇气面对所有人，或是因为自卑，或是因为心中的障碍。因为他们不知道应该说些什么，又担心自己说出去的话会给他人留下把柄。一旦树立信心，或者拥有好口才，这一切都会发生翻天覆地的变化。尽管人们常说江上易改，本性难移，实际上，说话能力的提升并非取决于我们的先天条件，而是取决于我们的内心状态。很多情况下，自信能够更加激发我们的潜能，让我们取得莫大的进步。

生活中，很多人之所以不愿意说话，并非是无话可说，因而，只要能够打开他们心中的闸门，他们的话就会如同滔滔江水般倾泻而下。

礼貌措辞，展现你的良好素质

许多人善于言谈，却不是那么会说话，给人的感觉总是很别扭，使人远远避之而唯恐不及，究其原因，就在于说话时少了礼貌的措辞。其实，在日常生活中，说话礼貌是十分有必要的，它是一个人素质的直接体现，也是能够赢得对方尊重的先决条件。有的人说话不礼貌，这样不仅仅会令人厌烦，还会导致沟通失败。尊重别人就是尊重自己，无论我们在社会上扮演了什么角色，有着什么样的身份，礼貌一直是维持人际关系不断互动的规则。一个说话礼貌的人走到哪里都会受欢迎，而一个习惯于出口不逊的人，怎么样都得不到别人的喜欢。

章老师是一所高校有名的教授。有一天，一位隔壁学校的同学来找章教授，要章教授做他校外的论文评阅人。因为当时规定，论文答辩时要请一个校外的专家来指导。这位同学一进门，见章老师的屋里坐了好几位老师在商讨什么问题。他也搞不清哪位是章教授，就张口问道："谁是章炳山呀？"章老师听到这个学生直呼自己的名字，脸色微微一变，几位老师也面面相觑。不过，章老师还是很有礼貌地对他说："我就是，找我有什么事吗？"那位同学大大咧咧地说："噢，你就是章炳山呀，我可早就听说过你了，我是××教授的学生，我的论文你就给我看一下吧！”章教授到底是有涵养的人，虽然看到这个学生说话没有礼貌，但也没过于在意，随口说道：“那你就放那里吧！”这名学生就把自己的论文往章老师的桌子上一扔，对章老师说：“你可快点看呀！后天我们要论文答辩，你可别耽误我的事！”章老师这么有涵养的人也忍受不了了，火气顿时上来，他对这位同学说：“这位同学请留步。请问一下是谁找谁办事呀？你的论文拿走，我没有时间给你看！”

一向很有涵养的章教授怎么会忍不住生气呢？原因就在于那位同学说话不懂礼貌，章老师是很有名气的教授，至少那位同学也应该礼貌地称呼“章老师”，而不是直呼其名。另外，同学话语中透露出“目中无人、随意指使”的不礼貌行为，更让章教授生气。其实，无论是求人办事还是普通的交谈，我们都需要以礼貌的措辞来进行，如果那位同学说话能够礼貌一点，那么章教授一定不会在嘴上为难他，定会乐意帮忙的。

语言本是思想的衣裳，它可以直接表现出一个人的高雅或粗俗。同时，语言交流是一种心灵沟通，要想使彼此之间的沟通畅通无阻，就应该得体地运用礼貌措辞，这样才会让对方感到温暖，使自己与他人之间的感情很快就融洽起来。

何谓礼貌措辞？其实就是我们日常交际中所使用的“敬语”与“谦词”，这些口语表达可以体现出对他人的尊重，诸如“请教、指教”“劳心、费心”等。如果我们能在日常语言交际中使用这些谦词和敬语，对方肯定乐意与你接触，与你建立友好和谐的关系。

1.丰富礼貌用语

在平时生活中，我们习惯这样打招呼："你吃饭了吗？""你到哪里去？"这样的日常用语显得有点单调、乏味，同时，也缺乏应有的礼貌。这时候，我们应该丰富自己的礼貌用语，比如"早安，你好吗？""请代问全家好"等。

2.使用礼节性语言

语言的礼节就是寒暄，有一些最常见的礼节语言惯用形式，比如，问候语"您好"，告别语"再见"，致谢语"谢谢"，致歉语"对不起"，回敬语"没关系""不要紧""不碍事"等。

3.养成使用敬语、谦词、雅语的习惯

敬语也就是敬辞，表示尊敬的礼貌词语。我们常用的敬语有："请"，第二人称"您"，代词"阁下""尊夫人"等；谦语是向人表示谦恭和自谦的一种语言，比如称自己为"愚"，称自己父亲为"家父"等；雅语是指一些比较文雅的语言，比如你端茶招待客人，应该说"请用茶"。

4.善于言辞

交谈中，一般都会选择大家共同感兴趣的话题，但是，对于一些不该触及的敏感话题，比如对方的年龄、收入、婚姻状况等，应该尽可能地避开。询问对方这样的信息是不礼貌和缺乏教养的表现。

把话说到对方心里，令其欣然接受

聪明人在说服对方的时候，懂得去暗合对方的心理，这样能让他人感到受尊重。当然，在说话时利用语言来暗合对方的心理，需要“合”得巧妙，不能让对方看出破绽。在日常生活中，面对不同的场合、不同的对象，每个人都有自己不同的心理需求。当我们在与他们进行语言交流的时候，需要从对方的言语中明白其心理需求，或者通过察言观色来洞悉对方的心理，再通过语言表达来暗合对方的心理，令对方无法反驳。

每个人都比较自我，当对方的言语触碰了心里的禁忌的时候，他们就会像被攻击的刺猬一样，用尖锐的语言反击对方，为难他人。鉴于这样的心理特点，为了获得对方的好感与信任，我们需要了解对方的心理需求，同时，还需要通过语言来暗合对方的心理，这样才会说服对方，令对方无法反驳。

那么，在日常交际中，我们该如何来暗合对方心理呢？

1.适时赞美，满足其虚荣心

在日常交际中，赞美的话不可或缺，它就如沁人心脾的淡淡花香，会在不知不觉中悄悄渗入对方的心灵之中，让他们沉醉不已。比如“经理，您把那事谈成了？怎么谈的？以后您可得教教我，我要拜您为师”“王总，这么大的工程，您一个人就给搞定了，可真了不起，不过您可要注意身体啊”。

2.把话说到心窝里，满足其自尊心

每个人都有自尊心，因此，我们在说话时要考虑到对方的自尊心，适时把话说到对方的心窝里。比如“小伙子，你提出的建议真不错，我好好考虑，可得好好谢谢你”，对方听了这样的话，他会觉得自己所做的很值得，心理得到了极大的满足，也就不会再有什么反对意见了。

以情动人，言语间展现你的真情实意

在与人相处的过程中，情是最能触动人心的，正所谓“欲晓之以理，必先动之以情”。一般情况下，当我们与他人展开交谈的时候，彼此都会产生一种防范心理，双方都不为所动。这时候，要想说服对方，就需要消除对方的防范心理。从一定程度上说，防范是一种潜意识里的自卫心理，也就是当我们把对方当作假想敌时产生的一种自我保护。而消除对方这种防范心理最有效的方法就是以情动人，通过那些充满真情的话语使对方感到你是朋友而不是敌人，用真情去瓦解对方筑起来的“防范墙”，继而有效地影响其心理。真情，可以是嘘寒问暖，可以是予以关心，也可以是予以帮助等。所以，我们在日常交际中，要善于用情说话，使对方无法抗拒。

心理学家指出：“情感如同肥沃的土地，道理好比种子。没有情感的沃土，道理的种子再好，也发不了芽。”因此我们在说服对方的时候，更需要以情动人，否则，即使你说再多的道理，对方还是会不为所动。

那么，如何做到以情动人呢？

1.话语中注满真诚

谚语说："真诚贵于珠宝，信实乃人民之珍。"要想自己的话语能够打动对方，就需要在话语里注满真诚，只有真诚才能打动人。如果你仅仅是几句花言巧语或者虚情假意地表达就想赢得信任，反而令对方厌恶。

2.把话说到对方的心里

人都是有感情的，说话能做到动之以情，晓之以理，就是最完美的沟通。我们在说话时要注意对方的反应，学会从对方的反应中修正自己的话语，尽可能把话说到对方心里才能真正地打动人。

3.站在对方的立场说话

如果你在说话时总是想着自己，光顾着自己，这样说出来的话是不会有真正的感情的。因此，我们应该处处为他人着想，让自己站在对方的立场说话，这样说出的话才有感情，才能打动对方。

看人说话，三思而后言

俗话说："求神要看佛，说话要看人。"人上一百，形形色色，每个人都有自己的性情，每个人都有不同的心理。这时候，我们的语言表达方式也需要因人而异，需要迎合对方的性情、心理特点，这样才有可能影响对方心理。一味地强势或一味地退却，只会使我们在交流中处于越来越被动的位置。所以，我们在与他人交流的时候，需要讲究看准人下“话药”，如此这般，才能使自己在人际交往中如鱼得水、应对自如。

两千多年前，孔子的学生仲有问：“听到了，就可以去干吗？”孔子回答：“不能。”这时，另一个学生冉求也问了同样的问题：“听到了，就可以去干吗？”孔子回答说：“那当然，去干吧！”公西华听了，对于老师孔子的回答感到很疑惑，就询问孔子：“这两个人问题相同，而你的回答却相反，我有点儿糊涂，想来请教。”孔子回答：“求也退，故进之；由也兼人，故退之。”

孔子的意思就是，冉求平时做事喜欢退缩，所以我要给他壮壮胆；仲有好胜，胆大勇为，所以我要劝阻他，做事你要三思而后行。孔子诲人也不是千篇一律，更何况是说话呢？我们在面对不同的说话对象，需要看准人下“话药”，时而强势，时而退避三舍，这样才能有效地影响他人的心理。

战国时期著名的纵横家鬼谷子曾经说：“与智者言依于传，与博者言依于辨，与贵者言依于势，与富者言依于豪，与贫者言依于川，与战者言依于谦，与勇者言依于敢，与愚者言依于锐。”“说人主者，必与之言奇，说人臣者，必与之言私。”一个人要善于说话才会受欢迎，如果你能够根据不同的人说不同的话，使自己的话语有“弹性”，那么，你的人际交往也会相应地收放自如。

1.“见什么人说什么话”

在我们开口说话之前，需要仔细观察了解对方这个人，或是了解性格特征，或是了解他的喜好。在交谈进行的过程中，势必要“见什么人说什么话”，比如，对上司不能强势，只能退避三舍；自己的利益受侵犯，必须强势，维护自己的利益。

2.“对方想听什么，你就说什么”

当我们置身于一个谈话环境，你就必须清楚与对方的关系，了解对方的喜好禁忌，了解对方喜欢听什么，讨厌听什么。这时候，洞悉其心理，对方想听什么，你就说什么，那些讨嫌的话绝对不能说。

3.“肚子里有货才能倒得出来”

当然，为了能够应对各种人，我们必须不断地积累知识，拓展自己的知识面，这样才能做到和什么人都有话说，才能够说出对方喜欢听的话。

言语真诚，倾注真情

人与人之间相处的基础，就是真诚。如果没有真诚，人们也许可以表面上看起来关系亲密，但是实际上他们只是面和心不和，根本无法引起感情共鸣。这样一来，交流如何能达到预期的效果呢？只怕一旦我们的虚情假意被对方识破，对方还会对我们严加防范，甚至对我们不以为然！因为话语缺乏真诚，导致失去朋友的真心相对，失去爱人的理解和信任，失去同事的鼎力相助，对于现代人而言无疑是得不偿失的悲哀。

人是感情动物，每个人都把感情放在第一位进行考虑。所以一个人即使想对他人晓之以理，也必须首先对他人动之以情。从心理学的角度而言，人们对他人产生心理防范实际上是正常行为。这就像是电脑有防火墙一样，我们也必须消除他人的心防，才能成功走进他人的心里，从而与他人相互了解和信任，使得与他人之间的交流事半功倍。真情，能够引起他人的感情共鸣，也能够成功打动他人的心，使他人对于我们更加信任，也愿意与我们坦诚相见。在社交场合，我们与他人的交流经常会陷入尴尬，其实只要足够真诚，倾注真情，交往的难堪局面就能得以缓解。

自从下岗之后，马姐就开起了出租车，虽然很辛苦，但是总算能够自食其力，养活自己和家人了。有一天，马姐大晚上去车站附近搭载客人，有个看起来有些惊慌的年轻人，拉开车门，上了马姐的车。

然而到了人迹罕至的街道上，年轻人突然拔出一把尖刀，威胁和恐吓马姐："赶紧把钱掏出来，不然我要你的命。"马姐意识到自己身处险境，马上掏出身上一天所得——三百元钱，她把钱递给年轻人，说："这是我一天挣的钱，都给你，请你不要伤害我。我上有老，下有小，还要养家糊口呢！"年轻人显然没想到马姐这么痛快地给钱，有些愣住了，马姐又说："这里还有二十块钱，也给你吧，我知道你一定是走投无路，才会这么做的。其实，我也曾经和你一样这么难，我能理解你的苦衷。当时我刚刚下岗，找不到工作，但是一家老小却等着吃喝，我丈夫还卧病在床，我甚至想去卖肾了。"听到马姐的话，年轻人放下了手里的刀子。马姐说："你想去哪里，我送你到你家附近吧。"在年轻人吞吞吐吐说了个地址之后，马姐启动汽车，朝着年轻人的目的地驶去。马姐说："年轻人，我看你挺强壮的。不如找点儿事情做做吧，如今经济这么发达，挣钱的路子很多，只要你肯花力气，养活自己是没问题的。而且走正道多好啊，当你付出很多，坚持努力，你甚至还会有所成就，从而使自己的人生发生质的改变和飞越。也许，你还会飞黄腾达呢！"

到达目的地后，年轻人把钱还给了马姐，马姐真诚地说："这个钱，就当是姐姐帮你的。你只要走正路，这点儿钱姐姐愿意支持你。"年轻人感动得落下泪来，拿着钱对马姐说："姐姐，我会尽快还你钱的。"

面对突如其来的危险，马姐没有反抗，而是努力以真诚和真情打动年轻人。这样一来，年轻人居然产生了羞愧和懊悔的心，从而决定改过自新，重新做人，这一点从他说要尽早还马姐的钱，可以看出来。

以真诚打动人心，首先要话语真诚，其次还要设身处地为他人着想，所以才能更加理解他人，把话说到他人的心里去，也能够做到站在对方的立场上说话，最终让对方对我们的话更加认可，也更愿意接纳我们的话。

感情，是人与人沟通和相处的桥梁，要想打动他人的心，我们就必须跨越感情的桥梁，从而走入他人内心。当我们与他人推心置腹时，我们才能以情打动他人，并且得到对方的信任。

第02章

初次见面说有影响力的话，让他人与你一见如故

初次见面，给人的印象最为关键。有的人相处一辈子却形同路人，而有的人却一见如故。两个萍水相逢的人要想在短暂的时间内达到心灵上的共鸣，说好第一句话至关重要。而初次见面说话的关键是给人亲热、友善、贴心的感觉，消除彼此间的陌生感。

制造共鸣，令对方产生惺惺相惜的感觉

当一个人对牛弹琴的时候，总不会是弹得兴高采烈的，因为牛从本质上来说不像人这样有感情，也不能够思考，因而除了出乎本能的反应，是不会产生任何共鸣的。即使是高山流水这样的美妙曲子，也丝毫不能让牛感动。因而，弹琴的人总觉得很失落，觉得自己的才华不被欣赏，也觉得自己的交流得不到回应。如果当这个人弹琴时，一个很懂音乐且也了解他的思想感情的人坐在他的对面，不时地点头微笑，或者是陶醉其中，甚至发出轻微的慨叹，那么这个弹琴的人一定会兴致盎然，即使弹上整整一天也不觉得累。由此可见，共鸣感对于人们的交流至关重要。有共鸣感的人之间，总是一见如故，甚至相见恨晚。而缺乏共鸣感的人之间，说起话来未免有对牛弹琴的感觉，甚至觉得索然无味。

一代才女张爱玲曾经说："我让你知道，总有一个人在这个世界上等着你，无论何时何地，反正你要知道，肯定是有这么个人存在的。"仅仅张爱玲的这份坚定执着，就让我们深受感动，更何况还有这么一个倾心的人呢！人与人的交流，语言虽然是必不可少的媒介，但是真正能够打动人心的交流，却是志趣相投，心意相通。高山流水至今传世，得

到无数人的赞赏，就是因为伯牙与钟子期之间的深情厚谊和无比默契。伯牙很擅长弹琴，钟子期则是最好的听众。伯牙一边在心里想着高山，一边弹琴。钟子期说：“你弹得真好啊！我似乎亲眼看到了巍峨雄壮的高山！”伯牙一边在心里想着流水，一边弹琴。钟子期说：“此曲绝妙！我仿佛来到了汹涌澎湃的江河旁！”每一次，钟子期都能准确无误地感受到伯牙弹琴时心里所想的，等到钟子期去世之后，伯牙感慨自己再也找不到知音，因而摔碎了最爱的琴，再也不弹琴了。人与人之间默契如此，才是真正的知己。在与他人交谈的过程中，如果我们也能如此了解他人的心，对他人的感受如同身受，则一定也能收获如同伯牙和钟子期般的深情厚谊。

周末，牛牛妈妈带着牛牛去小区的广场玩耍。牛牛很快就与一个叫豆豆的小朋友玩到一起去了，妈妈也没闲着，站在那里和豆豆妈妈开始交谈起来。牛牛妈妈问：“你家孩子几岁了？”豆豆妈妈：“5岁了。不爱吃饭，特别瘦。”牛牛妈妈也说：“嗨，我家的也不爱吃饭。为了让他吃饭，我使出了浑身解数，但是他就是吃什么都不香，从来不会狼吞虎咽地吃东西。”豆豆妈妈说：“是的呢！人家胖孩子的妈妈为了给孩子减肥发愁，殊不知，孩子不吃饭，瘦得跟猴子似的，也很让人发愁。去年春节回老家，奶奶一见就说：‘哎呀，看把我们给瘦的，一定是妈妈忙着上班，没好好给咱们做饭吧。’天知道，我天天研究菜谱，日日精修厨艺，他不爱吃我有什么办法呢！”牛牛妈妈感同身受地说：“你婆婆和我婆婆太像了。孩子瘦，就把责任都归于我。我也是要上班的啊，又不是全职太太。我天天忙里忙外的，孩子瘦了也怪我，她怎么不怪他儿子呢！”“哎，这些婆婆都是农村妇女，一辈子围着灶台转，哪里知道咱们职业女性的辛苦啊。我好不容易放假回家过年，在老家还得按照老家的风俗下厨房，累啊，还不如上班舒服呢！”牛牛妈妈简直像是找到了知音，说：“我也被要求下厨房呢！怎么这些婆婆都一个样子。我偏不下厨房，老爷们吃饭我也吃，为什么我要吃剩的呢！作为新时代的女性，我就是要和封建陋习作斗争。”牛牛妈妈的话让豆豆妈妈笑了起来，说：“我婆婆厉害着呢！我也不愿意惹她不高兴，我们通常就住两三天就回自己家了。哪里舒服，也不如自己的家舒服啊！”……

牛牛与豆豆妈妈聊得不亦乐乎，因为她们找到了共同语言，且引起了共鸣。先是从孩子不爱吃饭太瘦说起，又到了因为孩子瘦被婆婆抱怨，再到了农村的封建习俗不尊重女性，她们几乎在每一个话题上都产生了强烈的共鸣，所以才能一见如故，就像老朋友一样畅所欲言。

要想与他人热烈地交谈，我们就应该激发他人的共鸣，这样他人才会对你的话题感兴趣，也才会更加愿意与你聊下去。曾经有心理学家证实，人们在感情上产生的共鸣，大多数是因为有共同经历和相同体验引起的。因而，在与他人交谈时，我们应该尽量说些对方经历过的事情，这样彼此才能一见如故，聊起来也会意犹未尽。

初次见面时，就要记住对方的名字

生活和工作中，我们每天都需要和陌生人打交道，有些人就是一面之缘，有些人则往往还会产生交集，比之前有更深的交往。无论是哪种情况，给人留下良好的第一印象是有必要的，就像一篇文章只有精彩的开头，才能深深地吸引读者；一出戏只有先声夺人，博得开门红，才能继续轰轰烈烈地演下去。前文我们说过首因效应的强大作用，因此，要重视与他人的初次见面。

自古以来，婴儿一出生就会在或长或短的时间里被赋予姓名，这姓名或者是父母琢磨出来的，或者是家里德高望重的长辈给起的。甚至还有些婴儿，还未出生就承载了父母的期望，父母在生命最初就给他想好了名字，也由此寄予着无限的期望和渴盼。从此之后，这作为符号的几个字就会跟随我们的一生，不管我们是拥有荣誉，还是陷入人生低谷，它都不离不弃地跟着我们。直到死去，我们的名字也依然会被刻在墓碑上供后人凭吊。由此可见，名字对于我们有着特殊的意义和深刻的感情。因而，如果你能在初次见面时就记住对方的名字，那么当你仿佛与对方很熟悉一般喊起对方的名字时，一定会给予对方特别的感受。与此恰恰相反，假如你总是记错他人的名字，甚至还不知所以地把错误的名字拿来称呼他人，则你的人缘也就可想而知了。

王晓是一家保险公司的代理员，每天都要与形形色色的客户打交道。如今的王晓销售业绩在公司名列前茅，是不折不扣的销冠，但是谁又能想到王晓最开始从事保险代理人职业时，曾经接连几个月都没有签约，而且还被客户骂哭过呢！

如今，资深的王晓也开始带着新入职的徒弟，并且向他们传授相关的经验。作为师父，王晓传授给徒弟们唯一的经验就是：一定要在最初见面时就记住对方的名字。为此，王晓还讲了一件伤心的往事给徒弟们听，那时，王晓刚刚大学毕业，因为毕业院校并非名牌，所以找工作很难。后来，他在同学的介绍下来到这家保险公司，从此开始了推销生涯。做过销售的人都知道，这是与人打交道很多也经常需要面对陌生人的行业。几乎每天，勤奋的王晓都会拿着展板去附近的社区开发客户，宣传保险知识。有一天，王晓正在与一个新认识的客户寒暄。王晓："李大爷，您就相信我吧。像您这样子女不在身边的老人，一定要投资自己的健康啊！"不想，原本与王晓相谈甚欢的李大爷，突然狠狠地瞪了王晓一眼，说："李大爷？你大爷。我就站在你面前一直跟你说话，你居然把我的名字给叫错了。我看呀，你还是别站在这里丢人现眼了，先去吃点核桃补补脑吧！"这时，王晓才意识到自己不小心在短短时间内就忘记了这个大爷的姓。他被大爷一通臭骂，又被当时在附近的人围观，不由得委屈地哭起来。当他回到公司，他的师父就告诉他："王晓，别人喊错你的名字，而且是在你刚刚说完的情况下，你会高兴吗？"他摇摇头，师父语重心长地说："是啊，你这个小毛孩都不乐意被人叫错名字，更何况是人家德高望重的老大爷呢！而且，人家与你相谈甚欢，连一分钟都没离开，你就忘记了人家的姓，这肯定让人觉得不被尊重和重视啊！人老了就像小孩，你应该学会与各种各样的人打交道。”听了师父的话，王晓恍然大悟，从此以后，他不管面对什么样的客户，都会第一时间记住他人的名字，哪怕耽误了推销产品的时间，他也会用心地默念和牢记。在坚持记住每一位客户的名字之后，王晓的保单越来越多，客户忠诚度也特别高。

每个人都希望得到他人的尊重，而当他人在初次见面的短短时间里就记住你的名字，你一定会感到尊重和重视。由此一来，作为回应，你也会尊重和善待他人。其实，我们只要想一想就能明白那种感受：一个人刚刚见你第一面，在几分钟时间里就能亲切地喊出你的名字，这无疑让人感到兴奋和亲切。

初次见面就记住他人的名字很重要，这将会带给你意外的惊喜！

重视交谈开始后的五分钟

人与人交往是否能够愉快地进行下去，大多数时候取决于最初交谈的五分钟。就像是演讲时的开场白无比重要一样，交谈的最初五分钟也是至关重要的。倘若交谈的最初五分钟能够奠定交谈的基调，让整个谈话都轻松愉悦，则往往接下来的交流和沟通也会比较顺畅。相反，如果交谈的最初五分钟进行得艰难晦涩，则接下来也很难有所改观。因而，我们必须慎重对待交谈的开场白，只有找准话题，奠定愉快的基调，才能让一切水到渠成。

那么，如何让交谈的最初五分钟比较愉悦呢？首先，要以礼貌作为开场白。尤其是在面对陌生人时，你一张嘴，就会给对方留下深刻的印象，因而，你必须非常有礼貌，才能让对方喜欢你。其次，还要找准话题。众所周知，人们最感兴趣的是自己，如果你从开始说话时就不停地诉说关于自己的事情，则一定会让人索然乏味。再次，如果你能够提前了解对方的喜好，做好迎合对方的兴趣，则交谈一定会更加愉快。最后，也是最重要的一点，一切交往都必须建立在彼此尊重的基础上。只有彼此尊重，平等地对待对方，才能做到愉快交往。

很久以前，有个年轻的贵族摸黑赶路，太过着急，结果迷路了。年轻的贵族走了很久，才终于遇到一个猎人。他赶紧策马扬鞭，冲上前去，问猎人："喂，还要走多远才能找到投宿的地方？"猎人停下脚步，抬眼看着年轻的贵族，心不甘情不愿地回答："五里（无礼）！"贵族连声谢谢都没说，就绝尘而去。他一直奔跑了有六七里路，却始终没有看到投宿的地方，不由得暗暗思忖："我已经走过了五里了啊，为什么还没有看到投宿的地方呢？"他念念有词，突然脑中灵光一闪：五里，不就是无礼嘛！他思来想去，觉得自己不能像没头苍蝇一样乱撞，只好又往回赶去，想再次找到猎人问路。果不其然，他刚刚返回了三四里路，就看到猎人正怡然自得地走在路上。贵族赶紧翻身下马，毕恭毕敬地走过去问猎人："您好，兄弟。我是刚刚向您问路的，实在对不起，我太无礼了。但是天已经黑了，我真的急于找到投宿的地方，不然夜深了，野兽就该出来了。能麻烦您给我指路吗？先谢谢您啦！”等到贵族说完这番话，猎人才笑着说：“天黑了，走夜路危险，而且这附近也没有村落。如果你不嫌弃，就跟我一同去我在森林里狩猎时的落脚点休息吧，虽然条件艰苦，但是有吃有喝，也有干草可以打地铺。”贵族高兴地点点头，赶紧邀请猎人一起上马，他们朝着目的地奔驰而去。

到了目的地，贵族一边与猎人聊天，一边帮忙准备晚饭。夜晚来临，他们吃着香喷喷的烤野兔，居然相谈甚欢。

在这个事例中，因为贵族一开始非常无礼，因而被猎人捉弄。幸好他及时反省到自己的错误，赶回去向猎人道歉，再次问路，才得以被猎人邀请，回到猎人在森林里的临时住所休息，补充食物和水。如果不是贵族能够自我反省，及时改正错误，只怕他不仅会遭到猎人的捉弄，也许还会在森林里遭遇危险呢！

人与人的交往，一定要建立在尊重和平等的基础上。不管一个人的身份是低贱还是卑微，在人格上都是平等的。因而，我们既不能妄自尊大，也不能妄自菲薄。只有不卑不亢地与他人相处，才能让人际关系得到改善，也才能如愿以偿地建立人际关系网。不管是谁，都想得到他人的尊重，这一点是毋庸置疑的。因而，我们必须懂得礼貌，也要懂得运用心理学技巧，才能在与他人相处时如愿以偿地得到帮助。尤其是在与他人交谈时，必须把握好最初的五分钟，给他人留下良好的印象。否则，恶劣印象一旦形成，就会导致此后的交往无比艰难，却很难扭转。

尊重为先，让对方倍感亲切

现今人都很重视语言表达在心理和技巧上的训练，多加训练可以让自己放下心理包袱，能够和陌生人愉快的谈话。人们都想使与对方的谈话有意义，有收获，那我们的注意力就应该适时地从自己一方转移到对方身上，努力察觉到对方的优点。就对方最在行的事情提问，可以让对方对你抛出的话题充满兴趣，对你充满好感，其实这便是可以和对方最快熟络的捷径。

在人际交往中，每个人都希望开始与他人谈话时，找到一个快捷的方法来探知他的兴趣和情绪，为自己在对方的心里留下好印象，同时这也有利于自己处理好人际关系。在第一次和对方会面时，要想尽快的和对方友好的交谈起来，必须抓住对方最在行的事情首先提问，打开对方的话匣子，让对方感觉到你能够发现他的专长，和他有共同语言，这可以使对方倍感亲切。

如果你和对方第一次见面，互相之间很陌生，在不了解对方性格和兴趣爱好的情况下，怎样才能够知道对方最在行的事情是什么呢？心理学家曾经总结过几种方法，这几种方法可以帮你迅速地抓住对方的专长，与陌生人投入交流。

第一，要懂得判定对方的性格。假设你刚向对方介绍完自己，讲完几句友好的话之后，你停下来给对方介绍自己的机会，而这个时候对方的反应却是沉默不语，好像并不愿意主动地介绍自己。对方的一言不发会让你感觉到自己很无趣，很尴尬，对方把讲话的机会原封不动地抛回给你，倘若这时你因尴尬的局面而不继续引导和了解对方，你就会失去和对方交际的机会。这种情形下，切记不要让他的沉默惹恼了你。其实很多表面安静的人都有足够的知识和能力进行良好的谈话，但在尚未找到开口的好理由之前，他们宁可不说话，这时你必须寻找对方最在行的事情，让对方对你的话题充满兴趣。在这种情况下，我们最好是尽量慢慢地讲话，从对方的态度上观察对方感兴趣的话题，如果你多次的问题让对方开口了，则说明你已经找到了对方在最在行的事情上感兴趣的话题，打开了对方的话匣子。

第二，如果对方是你的同事或者是一般朋友，双方都清楚各自的工作能力和生活爱好，你想要和对方的感情增进，最直接的方法便是延长和对方谈话的时间，提高对方和你谈话的热情。假如你实在不知道自己应该如何引导话题，那就从同事工作的能力上寻找话题，对方比自己的写作文采好，这便是对方比你在行的事情，你可以夸奖对方的文采也可以和对方探讨一些文学方面的知识。这是对方在行的事情，对方谈论起来也能够得心应手，自己在你面前也会拥有成就感，所以对方一定会积极配合你的话题的。对于朋友，可以从平时生活娱乐方面寻找话题，比如大家在K歌时，朋友唱的很棒，也可以夸奖朋友的歌声，和朋友谈一些唱歌技巧的话题，在这个话题上，相信朋友一定不会拒绝和你的交谈的。

世界上有各种性格，各种能力的人，我们面对形形色色的人群，和各类型的人打交道，谈话是和对方建立友好关系的前提，如果你在平时生活中细心的察觉对方最在行的事情，把对方在行的事情归于你和他交谈时的话题，让对方松懈下来，同时自己也会倍感轻松，对方的滔滔不绝，你全神贯注地倾听，让对方感觉到你对他的尊重，让对方对你另眼相看，当对方不间断的和你谈话时，你便达成了自己的目的。对方已经对你有足够的信任，你就已经在结交新朋友和享受有结果的谈话途中的心理策略上迈出一大步了。

开口倾心，说让对方开心的话

在某些沉闷的环境里，很多人不愿意开口跟陌生人说一句话，那是出于一种防备和自尊心理，在这种时候，你应该学会如何去激起说话对象的某种情绪，让他慢慢开始滔滔不绝。而这就需要我们多说些积极的话语，因为通常来说，人们在快乐与不快乐这两种情绪中，会下意识地选择快乐的情绪。

举个很简单的例子：设想你正在乘坐火车，你已坐了很久了，而前面还有很长的一段路程。你想与他人讲讲话，而如果你对对方说："真是一条又长又讨厌的旅程，你是否也有这种感觉？""是的，真讨厌。"对方肯定会这样回答。而接下来，你会发现，无论你说什么，他对你的回应都会是草草应付。这是为什么呢，因为你的开场已经给他带来了不快乐的情绪。

语言可以表现一个人的人格。积极的语言会感染别人，使得他人得到鼓舞和关怀，我们来看看意大利著名女记者奥琳埃娜·法拉奇的一次采访经历：

20世纪80年代，法拉奇打算到中国对邓小平同志进行一次专门采访。然而，当时中国刚刚改革开放，在此之前中国与西方世界有着长达几十年的冷战，法拉奇非常担心对邓小平的专访能否成功。于是，在采访前，她翻阅了许多有关邓小平的书籍，在看到一本传记时，她注意到邓小平的生日是1904年8月22日。于是，她脑海中有了些想法。

1980年8月22日，邓小平同志接受了法拉奇的专访。

“邓小平先生，首先我谨代表我们意大利人民祝福您，祝您生日快乐！”法拉奇十分谦逊有礼地说道。

“我的生日？我的生日不是明天吗？”邓小平疑惑。或许是工作太繁忙了，邓小平已经忘记了自己的生日。法拉奇这么一说，邓小平自己也搞糊涂了。

“没错的，邓小平先生，今天确实是您的生日。我是从您的传记中知道的。”法拉奇信心十足地说。

“噢！既然你这样说，就算是吧！我从来也不知道什么时候是我的生日。就算明天是我的生日，我也已经76岁了。76啊，早就是衰退的年龄了！这也值得祝贺？”显然，法拉奇的问候已经让邓小平对她有了好感，所以邓小平不禁和她开了个小小的玩笑。

“邓小平先生，我父亲也是76岁了。如果我对他说那是一个衰退的年龄，他会给我一巴掌呢！”

法拉奇也和邓小平开起了玩笑。邓小平听后，哈哈大笑。

“他做的也许对。不过，我相信你肯定不会对你父亲这样说的，对吧？”

采访气氛就这样十分融洽而轻松地形成了，接下来便是法拉奇此行的真正目的，她将谈话引入正题，采访在非常愉快的氛围中进行了。

法拉奇之所以能获得成功，是由于她这一番积极的寒暄：76岁对于一个人来说，的确是一个衰退的年纪，但却巧妙地开玩笑：“我父亲也是76岁了。如果我对他说那是一个衰退的年龄，他会给我一巴掌呢！”很明显，她这一番话营造出了积极轻松的交谈氛围，也消除了与陌生的邓小平同志之间的陌生感，切入正题就会使事情变得顺利多了，所以她的采访非常成功。

那么，什么是积极的语言呢？积极的语言就是能促进彼此交谈，增深彼此友情的带有积极意义的语言，比如说，说话要真诚等。

1.说话要真诚

由于说话态度不同，语言既可以成为建立和谐人际关系的最强有力的工具，也可以成为刺伤别人的利刃。如果没有发自内心的关怀的心情，即使用再华丽的语言，也会被对方看穿，所以满怀真诚是最重要的。

2.不要说对方不爱听的话

使语言不成为“利刃”的最低条件是什么呢？那就是不要说对方不

想听的话题。

对此，我们应慎选话题，这样的一些话题不宜提及：不谈对方深以为憾的缺点和弱点；不谈上司、同事以及一些朋友们的坏话；不谈人家的隐私；不谈不景气、手头紧之类的话；不谈一些荒诞离奇、黄色淫秽的事情；不询问妇女的年龄、婚否、家庭财产等事情；不说个人恩怨和牢骚；不说一些尚未明辨的隐衷是非；避开令人不愉快的疾病详情；忌夸自己的成就和得意之处。这些都是对方敏感的话题，也是禁忌的话题。不说对方敏感的话题是建立和谐人际关系的准则。

3.对方的优点或值得夸奖的地方要马上夸奖

夸奖陌生人，要比赞扬熟人难，因为彼此还不熟识。对此，我们需要细心观察，找出其可赞扬之处。比如，从对方的穿着、打扮、配饰开始："您今天穿的西服颜色真漂亮！"可是，却不能阿谀奉承或溜须拍马，因为对方明白，初次见面，你就说出这么多的恭维话，必定感觉得到你是在溜须拍马，而对你非常反感。所以，一定要说出真情实感。

4.用有积极意义的语言应对

比如，当你和陌生人说话时，对方对你的态度突然间冷淡下来，这时与其一个人冥思苦想："难道我说了什么伤感情的话？"不如直接试着问对方："我是不是说了什么失礼的话？如果有的话请您原谅。"这样一说，即使对方真的有什么不满，心有不悦的话，也会烟消云散，因为你的坦诚已经让他原谅了你。

总之，与陌生人说话，多说积极地话语，令对方感到振奋开心，这对于我们成功操纵对方心理，打开交际局面是大有帮助的，这也是我们必备的一项说话本领！

趣味幽默，让你的言语妙趣横生

在交际场合，如果一个人的谈话方式和内容总是一成不变，那么就会失去新鲜的感觉。即使这些语言再动听和美妙，也会因为其僵硬呆板且毫无变化和新意的说话方式让听者失去兴趣，而且也无法达到他所想达到的目的，还会让别人觉得他是一个枯燥无味的人，从而对他轻视甚至是产生敌意。

俗话说，好的开始就是成功的一半。我们也可以这样来理解，屡出新意的好口才也是好的开始的关键步骤。充满新意的言谈，总会取得意想不到的惊喜。

黄熙成为新科状元之后，有幸陪同乾隆皇帝来到苏州园林之一的狮子林游园。乾隆皇帝看到迷人的建筑风景，兴致勃勃，叫人拿过纸笔，乘着游兴写下了“真有趣”三个大字，之后让手下人拿去装裱，准备把这几个字作为园林的匾额。

黄熙觉得这样的题字太俗气，根本无法拿得出手，便想劝皇帝改一下，但是又怕自负刻薄的乾隆爷龙颜大怒，不仅不听劝，说不定连自己头上吃饭的家伙也保不住，只好暗自咽了口吐沫，准备等待时机再向皇帝进言。乾隆皇帝兴致勃勃，游兴不减，看样子是不会因为一点小事就生气的，黄熙心下有了底，便跪向前来对乾隆皇帝说："适才圣上题的字苍劲浑厚，意蕴高古，让学生十分佩服，恳请圣上将'有'字赐予学生，让学生可以每日观摩临习。"

乾隆一听便明白了，心里想："这个家伙明明是在告诉我这三个字用得不好，但又怕伤了我的面子，用这种方法来提意见，也算得上是费尽一番苦心了。"于是，就赞许地点了点头，顺水推舟一番，对身边的太监说："就将'有'字剪下来给他吧！"

从此之后，苍劲有力的御笔题名"真趣"二字就挂在了狮子林的大门口，后世的游客们来到这里，都从心里赞叹乾隆皇帝的书法和文思。

在古代，向皇帝进谏是每一个大臣的责任。但是，有些人在进谏的时候在方式上显得太过僵硬。很多人在向皇帝提出意见的时候，总喜欢唱反调，不懂得变通，最终不仅没有让皇帝接受他的意见，还让自己的脑袋搬了家。黄熙是很聪明的，他不像别人那样去"批龙鳞"，而是用一个比较委婉的方式向皇帝提出了意见，不仅让乾隆愉快地接受了他的建议，也保住了自己的脑袋，真不愧是说话的高手。

第03章

倾听到位让你知人心，看清人事再表达也不迟

说话是人与人之间传递思想、交流情感的最基本手段。但真正会说话的人不仅是会说，还要会听。掌握良好的听与说的技巧，在倾听中响应，是联络情感、满足需求必不可少的人际桥梁。听和说是不能分开的两个环节，只听不说的人不能成功，只说不听的人也不能成功。因此，我们需要记住，从双方的共同点开始沟通，始终要记住，沟通的关键是倾听。

侧耳倾听，能有效避免言多语失

古人云，言多必失，祸从口出，是很有道理的。很多情况下，不知所以就不由分说地大说特说，一定会让我们不小心说错话，轻则无法如愿以偿，重则招来祸患。在封建社会，诸多大臣们胆战心惊、如履薄冰地陪伴在皇帝身边，为了保住性命，是绝对不敢不听、不分辨就直言进谏的。要知道，皇帝动怒可是要掉脑袋的，因此，他们最有效的办法就是闭口不言。任何时候，任何情况下，都先侧耳倾听，判断局势，然后再小心谨慎地发表看法，甚至选择什么也不说来明哲保身。

当然，现代社会已经没有崇尚一言堂的皇帝了。在崇尚民主的年代，大多数人都享有言论自由的权利，因而，我们是可以畅所欲言的。但是，在与人交往的过程中，要想把话说到他人心里去，我们依然应该谨言慎行，先倾听，才能避免言多必失。很多人都觉得语言是最有力的表达，殊不知，在特定情况下，倾听是更有力的无声语言。古希腊流传着一句谚语，大概的意思是说，聪明人凭借经验说话，充满智慧的人却凭借经验选择不说话。由此可见，不说话比说话，有着更大的智慧。很多人说话是抢着说，就像孩子刚刚开始学步，就迫不及待地要走。实际上，在没有把握起到最好表达效果的情况下，倾听是更好的选择。因为倾听，我们可以更加了解他人，也可以判明局势，从而实现更有效地表达。

作为刚刚调到新学校担任校长的张华，他对学校的情况还不太了解。这天中午，教导处主任来问他："张校长，县里要举行优秀教师去外地学校参观学习的活动，我们学校派谁去呢？"对此，张华毫无经验。因为他既不了解老师，也不知道以往的惯例。然而，张华很聪明，他马上反问教导主任："有几个名额，您觉得派谁去合适呢？"

教导主任看到新校长如此谦虚，居然主动征求他的意见，因而非常认真地思考了一会儿，才说："王老师虽然是学校的优秀标兵，但是她去年已经参加过这样的活动了。我觉得，这种机会应该分散开来，鼓励不同的老师。不过呢，也不能都顾着老教师，毕竟年轻教师也是需要鼓励的。所以，就这次的两个名额，我建议让经验丰富的杜老师和作为青年教师尖兵的马老师去。您觉得行吗？"张华觉得教导主任说得很有道理，因而连连点头，说："你思路清晰，对学校情况也很了解，所以就按你说的办吧。你去通知他们吧！"看到新校长如此尊重和器重自己，教导主任非常高兴。

在这件事情中，张华处理的方式非常巧妙。不但把问题推给教导主任解决，而且还给足了教导主任面子，不但解决了问题，而且让教导主任也很高兴。而张华的办法实际上很简单，就是倾听和采纳。如果不是采取这样的方式，而是费心劳神地再去了解每位教师的表现，显然是不可能一步到位的。因而，张华的明智之处就在于他很擅长倾听，也给予了教导主任足够的信任。如此一举数得的事情，实在是非常巧妙的。

在与人交谈时，你凝神倾听给予他人的感受是非常好的。倾听，意味着你非常尊重对方，也很在乎对方的意见、看法和感受，因此对方会更加慎重真诚地对待与你的谈话，这远你比一味地说教更好。倾听的时候，我们应该目视对方，在恰当的时候还应与对方展开目光的交流，从而更好地与对方互动。需要注意的是，在刚开始谈话时，应该以倾听为主，在倾听的过程中不要随意提问，也不要打断他人的诉说，否则会被视为不礼貌，也会影响对方的心情。

听语气，助你了解他人内心世界

现实生活中，我们都认识到了察人、识人在人际交往中的重要性，只有具备明眸慧耳，看清你的应酬交际对象，才能做出正确的交际决策，避免很多误区。可是如何掌握它的技巧和切入点，却成为一个难题。心理学家认为："无声语言所显示的意义，要比有声语言多得多，而且深刻得多。"语气就属于一种无声语言。曾有国外的心理学家还对此列出了一个公式：人与人之间的信息传递=7%言语+38%语气+55%表情。对于这个公式所列出的言语、语气、表情在信息传递中信息承载量的比例尚可作进一步的研究和探讨，但它确实强调了语气在帮助我们了解他人内心世界这一问题上所起的作用。

一个人说话的语气，是承载这句话的基础，它所包含的内容会让这句话所传达的情感更加丰富。当别人笑着很亲切地说："真是一个混蛋！"你可以把这句话当成一个玩笑，但是同样是这句话，当人们咬牙切齿地说出来时，你就要认真对待了，否则，很可能最后会酿成一个悲剧。很多时候，一句话并不是光用耳朵听就可以明白的，还需要用眼睛去看，用心去想，最终你才能理解这句话的含义。只有从对方的语气揣摩对方的心理再说话，才能在与人交流中有的放矢。

一次，齐桓公上朝与管仲商讨伐卫的事，退朝后回到后宫。卫姬一望见国君，立刻走下堂一再跪拜，替卫君请罪。桓公问她什么缘故，她说："妾看见君王进来时，步伐高迈，神气豪强，有讨伐他国的心志。看见妾后，脸色改变，一定是要讨伐卫国了。"

第二天，桓公上朝，谦让地引进管仲。管仲说："君王取消伐卫的计划了吗？"桓公说："仲公怎么知道的？"管仲说："君王上朝时，态度谦让，语气缓慢，看见微臣时面露惭愧，微臣因此知道。"

管仲是如何揣测到齐桓公要取消伐卫计划的？除了面色、表情这两个切入点之外，还有其说话语气的变化。齐桓公刚开始决定伐卫，情绪是激昂的，而后来，他开始变得态度谦让，语气缓和，这表明他放弃了伐卫的计划。的确，一个人在说话时语气变得缓和，那么，他的内心世界也会逐渐变得平静。

任何一个象棋高手都明白，在胜负角逐中，要想"一棋定乾坤"，就必须“前看三步，后看三步”。而要做到这点，就必须要看出对手走的每一步棋的用意，从而做到见招拆招，取得胜利。而同样，在与他人交谈的过程中，我们必须懂得一些“读心术”，要有看穿他人心思的本领，看人不能看表面，也不要凭三言两语无端地判定一个人。只有多方观察，从举手投足、眼神、表情等各个方面综合判断，才能真正判断对方的心思、用意。

因此，训练自己从语气中掌握对方心理，可以说是促使自己圆满处理人际关系的重要条件。那么，我们该怎样根据对方谈话的语气作出一些心理对策呢?

1.听出对方的情绪和意图

在各个场合都要“听话听音”。一个人即使不和你说真话，他的语气同样可能暴露出他的性格、愿望、甚至他的生活状况和意图。潜藏在人内心的冲动、欲望等，总是会通过某个方面体现出来，所以要了解对方意图可借语气来读懂他的心思。你只有准确地抓住他的心，才能更准确地分析他的心理，也才能看准他人的本质。

生活中，我们能从别人的语气来辨别一个人与你交谈的时候的情绪等，留意了他的语调语速变化，你就留意到了他的内心变化。有些语调变化是故意做出来的，那是他想向你传达某些信息。而某些语调变化是无意识的，你则可以发现他的情绪变化，以便随时调整你的说话内容。

2.看准他人的意图再说话

我们在说话前，都必须要先了解对方谈话的意图，并作出相应的语言回应，才能让交谈有利于我们。比如，如果你是个求职者，在回答问题时，应当适时正视面试者。通常，面试者对急于想要了解的问题，谈话会以较不太关心的话题为重。如果对方对你凝视倾听，你就需要对回答的问题作较为详尽的描述；如对方只是随声附和或眼神出现游离，则应立即简短结束此话题，求职者不可认为自己对这方面较为了解就夸夸其谈。

大多数观察人的高手，他们通常都能在对方说话的字里行间找到线索，巧妙地掌握对方的心理，从而了解他人对自己的态度、对事物的看法，进而诱导、确认或控制对方的想法。

从音色着手，开口前先看清对方性格

人们常说“到什么山，唱什么歌”，面对不同性格的人，我们所采取的说话方式也应该是不同的。但对于初次接触的人，因为缺少了解，我们并不能推测出对方的性格。对此，我们常常感到束手无策。但实际上，“言为心声”，要想看清别人，就可以从他的说话音色着手。一个人的性格、爱好、人品等方面一般都会外露在语言上。

的确，生活中，人们的内心世界或多或少地会外显在语言上。面对初次见面的人，我们一般也很难深入了解一个人的性格。对方说话声音的高低、语速的快慢等，都成为我们判断其性格类型的一种方法，我们可以通过说话声音的高低来把生活中的人分为以下几种类型：

1.高亢型

这类人个性多粗犷豪放、不拘小节，并且为人真诚、坦率，但也有缺乏耐性、易暴躁的缺点。

2.深沉型

这种人低调沉稳、满腔抱负，且具备雄才大略，但因不屑流俗于世，对人际关系冷漠的他们只能"顾影自怜"。

3.弱气型

这种人因为身体虚弱，因此说话的时候会显得底气不足。他们一般具有良好的文化修养，谈吐优雅、说话谦逊。他们在为人处世上也是小心谨慎，怕惹祸上身是这类人较为狭隘的一面。

4.和气型

一般来说，这类人多为男性，他们心胸宽广，不计较小事。而这种类型的女性一般也善解人意，温柔贤淑。但他们的缺点也很明显，就是常表现得多愁善感，做事显得犹豫不决。

5.尖锐苛刻型

这种人说话尖酸刻薄，为人犀利苛刻，从不体谅对方的感受。交谈过程中，他一旦发现对方言语的漏洞，就会毫不留情地攻击到底，直到对方理屈词穷、无地自容。他们一般都显得不怎么友善。

另外，在生活中，我们可以更微妙地领略语速、语调中透露出的各种人的丰富心理变化。一位平常说话慢慢悠悠、不缓不急的人，面对一些人对他提出质疑的时候，如果他用快于平常的语速大声地进行反驳，那么很可能这些话都是对他的无端诽谤；如果他支支吾吾，半天说不出话来，那么说明这些指责就是事实，他自己心虚、底气不足。当一个平时说话语速快的人，或者说话语速一般的人，突然放慢了语速，就一定是在强调着某种东西，想引起别人的注意。对于语调，人们在兴奋、惊讶或感情激动时说话的语调就高，而在相反的情况下，语调则低。

通过了解一个人说话时的音色，我们能了解交谈对方的性格、品质。深入了解这些，能方便我们作出轻松自如和正确的说话决策，在与人交际的时候便能如鱼得水，让交际为我们所用！

倾听不傻听，关键时候给予反馈

我们都知道，沟通有三要素——倾听、反馈、表达。科学研究证明耳朵所收集到的信息比眼睛要多得多，“万言万当，不如一默”，意思是人说一万句话，哪怕全部是正确的，也不如沉默不说一句。可见，倾听的重要性。但我们要明白一点，无论什么情况下的沟通，都是有一定的沟通目的的，因此，要做到高效的沟通，就必须在倾听中抓住问题的关键点，并适时做出反馈。

倾听是有效沟通的重要基础。善于倾听的人总是注意分析哪些内容是主要的，哪些是次要的，以便抓住语言背后的主要意思。

相反，不给予反馈是沟通中常见的问题。许多人误认为沟通就是我听他说或者他听我说，常常忽视沟通中的反馈环节，不反馈往往会直接导致两种结果。

（1）信息发送方（表达者）不了解信息接收方（倾听方）是否准确接收到了信息。

（2）信息接收方无法证明和确认是否准确地接收了信息。

那么，具体来说，在沟通过程中，我们应该如何反馈呢？

第一步，倾听。

不管是自己的朋友、同事、领导、客户，在沟通的时候，倾听对方表达的内容和目的都非常重要。

这里有几个关键点：

①对方的问题点。这也是倾听的重要任务，因为有时候，对方的某些问题是不会真正向你坦白的。

②情绪式字眼。当人们感觉到痛苦或兴奋时，通常会通过一些对话中的字眼来体现，比如“太好了”“真棒”“怎么可能”“非常不满意”等。这些字眼都表现了他们的潜意识导向，表明了他们的深层次看法，我们在倾听时要格外注意。

第二步，反馈。

对方表达完后，要在适当的时候给予回应，也就是反馈。要及时、明朗、不含糊地给予认同或肯定。“是的、对、嗯、是啊”等，都是必不可少的。

第三步，表达自己的观点。

对方的观点跟自己的如有冲突或者自己认为有异议，也要先给予肯定，再说出自己的想法观点，但是也要有度，恰如其分，这点很重要！

反馈是沟通过程中的一部分，指在沟通过程中信息的接收者向信息的发送者做出回应的行为。一个完整的沟通过程既包括信息发送者的表达和信息接收者的倾听，也包括信息接收者对信息发送者的反馈。

听话有重点，提高倾听效率

对于交流，每个人都有自己的方法和技巧。不过，有的时候把别人的那一套照搬过来，也许就是橘子生于淮南则为橘，生于淮北则为枳，马上变了模样，效果也会不一样。由此看来，我们还是要摸索出自己的一套方法，才能效率倍增，也能使我们与他人的交流更加顺畅。

会听话的人，总是一下子就能抓住重点，从别人诸多的语言中整理出逻辑顺序，找到自己想要的信息。这些人的耳朵就像安装了过滤器一样，总是能够自动过滤，自动合成。还有些人呢，听话总是没有重点，即便对于他人强调几遍的重点，也仿若未闻，更别说是别人语无伦次的表达了。由此可见，要想提高倾听的效率，给耳朵装个过滤器才是关键，也才能事半功倍。这就像是我们采纳他人意见一样，一定要有则改之，无则加勉，才能疏密无漏。

作为公司里的实习生，莹莹和其他几个实习生最终都有可能面临被淘汰的命运，因为公司人力资源部早就下达通知：10个实习生中只能留下2人。为此，每个实习生都非常努力勤奋，恨不得在工作上马上就有出色表现，毕竟这家公司是行业内的翘楚，能够留下来一定是人人艳羡的，前途也将不可限量。

每周，主管都会给实习生们开会，总结他们一周来的收获和不足。对于这样的会议，莹莹总是非常用心，因为她觉得能够得到前辈的指点是一种幸运，也是不可错过的千载难逢的好机会。每次开会，尽管主管有的时候说是例会，无需笔记，莹莹还是拿着笔记本和笔，正襟危坐，遇到认为应该重点对待和解决的问题，她就马上运笔如飞，记下来，会后再细细琢磨。两个月的时间过去了，当其他实习生还很懵懂时，莹莹在工作上早已有了巨大的进步。她看起来不再像是一个实习生，而是一个进步神速的员工，早已把每项工作都熟记于心，而且还像海绵吸水一样孜孜不倦地吸收知识。等到实习的三个月期满时，主管给了莹莹满分的成绩，莹莹也理所当然地留在了公司。

在这个事例中，莹莹之所以能够得到主管的看重和赏识，就是因为她的耳朵上安装着“过滤器”，即使对于主管所说的无需做笔记的例会，她也能拎出重点，找到为自己所用的教诲和指点，从而实现飞速进步。倘若其他实习生也能早点儿发现莹莹的优点，并且积极向莹莹学习，那么留下来的胜算和把握也就会更大。遗憾的是，他们尚且没有意识到这个问题的重要性时，实习就已经结束了。

一个人要想有长足的进步，就要博采众家之长。这就像是金庸笔下的武侠高手一样，他们也都是从名不见经传的小角色，不断向他人学习，持续进步，勤学苦练，最终才能功盖天下。现代社会，尤其是在职场上，要想让自己出类拔萃，我们同样需要坚持这个原则，才能最终如愿以偿。

摆脱主观因素的影响，客观公正地倾听

不管是在生活中还是在工作中，每个人每天都要经历各种各样的事情，也要与形形色色的人打交道。细细想来，我们在看待这些人和事的时候难免会犯主观武断的错误，从而导致自己无法更好地与他人相处。实际上，倘若我们能够在倾听他人说话时跳脱出来，摆脱主观因素的影响，更加客观公正地倾听，也许就能改变自己的思路，使得柳暗花明，心中的天地豁然开朗。

毋庸置疑，每个人都会本能地从主观的角度出发看待问题，也发表自己带有主观色彩的意见，从而给他人带来一定的引导。作为倾诉者，我们把这种引导带给了他人；作为倾听者，我们也在不知不觉中接受他人这样的引导。实际上，并非人人都愿意把自己内心深处的所思所想暴露在他人的目力所及之中，那么不如就摒弃主观色彩吧。一个人越是客观公正，就越是能够掩饰自己。具体而言，我们在经历某些事情的时

候，可以把自己定位于旁观者的角色，这样就能够保持平静和理智，从而尽量客观。其次，我们还可以谨言慎行，三思而行。在过红绿灯的时候，人人都知道宁停三分不抢一秒的道理，其实说话也是如此。倘若我们总是迫不及待地张口就来，则很容易就会失去思考和判断的能力，导致受到本能的驱动。我们唯有保持情绪的平稳，而且表述的时候尽量使用那些不具感情色彩的中性词语，这样能给予他人更多的客观意见。

作为海伦的闺蜜，玛丽自然是坚定不移地站在海伦的身边，不管遇到什么事情，她都作为海伦的支持者和拥护者出现。有段时间，海伦和老公赵凯吵架了，因而冲动地跑来找玛丽倾诉，还在一气之下说了很多关于赵凯的坏话。为此，玛丽也顺着海伦的意思，把赵凯狠狠地骂了一通，还说了一些自己不喜欢赵凯的话。

不想，夫妻之间床头吵架床尾和好。才刚刚一天，海伦就跟随前来接她的赵凯回家了，两口子再次甜蜜幸福地过日子。这时，海伦想起玛丽说赵凯的那些坏话，居然全都告诉了赵凯。对于海伦和自己生气时的言行，赵凯当然毫不介意，毕竟天底下没有不吵架的夫妻，但是对于玛丽落井下石的那些话，赵凯却耿耿于怀，对玛丽的印象也越来越差。

有一天，正值海伦的生日，玛丽也到场了，和很多朋友一起为海伦庆祝生日。借着酒过三巡的糊涂劲头，赵凯趁着海伦不注意，说："玛丽，你也真是咸吃萝卜淡操心，没把我和海伦搅和得离婚，你是不是很遗憾啊！你心里大概也盼着海伦和你一样成为离了婚的单身女人吧。

我告诉你，以后你还是离海伦远一点儿，这样我们夫妻生活才能更幸福。”赵凯的这番话让海伦很惊讶，她不知道自己如何得罪了赵凯，直到很久以后她才意识到自己当初不应该仅仅听信海伦的一面之词，就说赵凯的坏话。如今人家夫妻还是夫妻，她与海伦却无法继续当无话不谈的闺蜜了。

在这个事例中，玛丽的做法完全符合骨灰级闺蜜的特点，在闺蜜感到伤心生气的时候，马上不分青红皂白就狠狠地骂那个惹闺蜜生气的人。殊不知，闺蜜吵架的对象是自己的老公，夫妻关系哪有那么容易就恩断义绝的呢，大多数夫妻都是吵架之后很快和好，而玛丽的言行恰恰给了赵凯很大的压力。如此一来，赵凯岂能喜欢玛丽呢！ 丈夫和闺蜜之间，海伦一定会选择维护家庭，玛丽也就失去了一个好朋友，却哑巴吃黄连——有苦说不出。

不管听谁倾诉，我们都不能偏信对方的一面之词。所谓兼听则明，偏信则暗，我们只有从事情之中跳脱出来，尽量摆脱主观因素的困扰，才能尽量客观公正地待人处事，也不至于因为过于主观导致事与愿违。

第04章

细心观察，了解人心才能表达正确

前面，我们已经强调掌握对方心理学在与人交际与沟通中的重要性，然而，如何了解他人心理呢？答案很简单——细心观察，当然，我们可以观察的内容有很多，比如对方的眼神、表情、动作等，凡事能为我们掌握对方心理提供帮助的，我们都不必放过。

察言观色，才能灵活说话

不管做什么事情，我们都应该把握事情的核心。否则，一旦偏离重心，就会导致竹篮打水一场空。民间有几句俗语：到什么山头唱什么歌，见人说人话，见鬼说鬼话。虽然这未免有见风使舵的嫌疑，但是在现代人际交往中，见风使舵并非完全是贬义词，而是意味着灵活待人处事，从而最大限度地避免祸从口出，也能使自己所说的每一句话都说到点子上。

尤其是对于很多出入职场的新人而言，他们总是心怀忐忑，不知道应该如何与新同事、新上司相处。实际上，与他人相处并非想象中那么难。任何时候，我们都应该本着真诚的原则，做到淡然处事。现代职场，和几十年前计划经济时代晋升需要靠关系不同，特别是在一些私营企业，实力才是决定晋升的最根本因素。因而，即使我们初入职场，也无须四处阿谀奉承。只要把自己的工作做好，在待人处事方面做到察言观色，避免祸从口出，你的职业生涯就不会有太大的变故。

在中国四大名著之一的《红楼梦》中，每个人都栩栩如生，各具特色，要说其中最懂得察言观色的就要属王熙凤。在林黛玉初来乍到贾府时，先是与众人一一见过面，意识到贾母颇具威严，每个在贾母身边的人都毕恭毕敬，不敢大声说话。后来，王熙凤大笑着出现在众人面前，由此可见她在贾母心目中与众不同的地位。如果旁人在贾母面前胆敢这样，一定会被批评放肆无礼，唯有王熙凤才有这个特权。当时，作者不惜笔墨描述王熙凤的市侩模样，让人一看便知王熙凤狡猾刁钻，绝非善类。

后来，王熙凤看到林黛玉，夸张地说："天下真有这样标致的人物，我今儿才算见了！况且这通身的气派，竟不像老祖宗的外孙女儿，竟是个嫡亲的孙女，怨不得老祖宗天天口头心头一直不忘。只可怜我这妹妹这样命苦，怎么姑妈偏就去世了！"说着，王熙凤居然开始伤心起来，这就是王熙凤的高明之处。她见了黛玉先是赞不绝口，这恰恰迎合了贾母的心思。然而，她又不是一味地欢喜，因为她知道贾母看到黛玉就想到短命的女儿，已经先拥着黛玉哭过了。所以王熙凤在夸赞完黛玉之后，也马上表现出伤心的样子，同样是为了迎合贾母。由此可见，王熙凤把察言观色、见风使舵的本领炉火纯青，所以才能在贾府如鱼得水，尽享贾母的疼爱和宠溺。

在贾府之中，很多人都曾惹得贾母不高兴，唯独王熙凤，句句话都能说到贾母的心里去。她心知肚明，贾母才是贾府的当家人，她只是个总管而已。因而，她要想一手遮天，就必须牢牢依靠着贾母，才能让众人服气。也正因为察言观色、见风使舵的本领，王熙凤才能在贾府中左右逢源。

从某种意义上来说，察言观色就像是看才吃饭，量体裁衣。不管是做人还是做事，都要圆融通达，才能达到最好的效果。如果我们一味地按照既定的方法做事，则难免偏离实际情况。而如果没有一定的既定方针作为指导，则又会像没头苍蝇一样。最好的办法就是学会察言观色，然后根据实际情况调整说话的思路，这样不但能够避免不小心说错了话得罪他人，也能帮助我们更好地把话说到他人心里去，来与他人友好和谐地相处。

有意识地记住他人名字，留下良好印象

现在的社交场上，越来越多的人意识到记住他人的名字会对于人际交往有很大的好处。从交际心理学的角度来说，当你只见过他人一面，却能够直接喊出他人的姓名时，一定能在他人心中留下良好的印象，且会让他人觉得惊喜，与你之间的距离瞬间就被拉近了。与此恰恰相反的是，假如只会用嘴巴，而不是用心，那么你就很有可能记错他人的姓名，如此一来，见到他人亲热地喊出名字，却喊错了，一定会让人尴尬，他人因此会对你印象恶劣。因而，记住他人的名字时，我们应该用心，不应该仅仅是用嘴巴。只有用心记住他人的名字，且发自内心地呼喊出来，才能打开他人心扉，与他人更好地交往。

在大学校园里，张鹏作为一名年轻的教授，虽然没有很多资深教授

的渊博知识和儒雅风范，也没有各种光彩夺目的头衔，但却是最受学生欢迎的。每到有张鹏的公开课时，大教室里总是坐满了学生。为什么张鹏的课这么受欢迎呢？原来，张鹏有过目不忘的本领，每个只要他见过面的学生，他都能叫出名字。

这不，在这节外国文学鉴赏课上，张鹏冲着坐在最后排的那位同学喊道："李刚，你来说说，你对哈姆雷特怎么看？"李刚这是第二次来听课，当听到张鹏叫出他的名字时，他激动不已，站起来磕磕巴巴地说了自己对哈姆雷特的看法。课后，李刚一边走出教室，一边兴奋地对身边的同学说："之前大家都说张鹏过目不忘，我还不相信呢！现在看来，张鹏真的是过目不忘啊，要知道，这是我第二次上他的课。当他亲切地喊出我的名字时，我简直心潮澎湃。以后我一定要多听张鹏的课，太神奇了！"就这样，张鹏凭借过目不忘的本领，记住了越来越多学生的名字，也赢得越来越多学生的心。

很多学生直到毕业以后，即使时隔多年，张鹏也依然能喊出他们的名字。当曾经的学生们走在大街上，听到一个多年前的老师熟稔地喊出他们的名字时，简直激动得不能自持。张鹏和很多学生都是朋友，即使这些学生只是选修他的课程，也依然对他情有独钟。对此，张鹏说："只要用心，我们总能记住自己教过的学生。"

张鹏之所以能记住诸多学生的名字，就是因为他不仅仅是用嘴巴在记住学生的名字，更是用心在记住学生的名字，这就是张鹏能够得到众多学生喜爱的真正原因。不管我们从事什么工作，也不管我们在生活中充当何种角色，只要我们尊重身边的每一个人，尽量做到礼貌周全，他人就一定会给予我们更多的真诚和友善。

现代社会，人际关系被提升到了很高的高度。我们唯有用心地对待身边的每一个人，才能与他人更好地相处，给他人留下良好的印象。常言道，多个敌人多堵墙，多个朋友多条路。我们认识的每一个人，都可能成为我们人生路上的贵人，退一步说，即使出于尊重他人的心理，我们也应该努力记住他人的姓名。每个人自从呱呱坠地开始，就拥有自己的名字。他们觉得当一个人能记住他们的名字，一定是尊重和在乎他们的。因此，为了博得他人的好感，我们理应多花些心思记住他人的姓名。

观察他人表情，读懂对方的心

作为交流的重要手段，语言表达被提到至高的地位。很多想要成为社交达人的人，都非常关注语言表达能力的提升和语言素质的修养。其实，大家都忽略了表情也是必不可少的重要的交流辅助工具。很多情况下，语言可以正面表达，或者旁敲侧击，因而自古以来就有醉翁之意不在酒之说。要想准确把握他人的意思，我们除了要认真倾听之外，更要细致观察对方的表情，这样才能更明白地读懂对方的心，了解对方的心思。

人们常说，人生如戏，全靠演技。那么，什么是人生的演技呢？毋庸置疑，除了少量从事演员工作的人之外，大多数人都是普普通通的，根本不知道何为演技。实际上，人生的演技就是表情。很多时候，我们说话要依靠表情作为辅助，甚至撒谎时也不得不考虑到表情的因素，努力让表情贴近谎言。如果说人的语言是可以组织的，那么人的表情也是可以控制的。从他人有意或者无意表现出来的表情，我们能够深入他们的心灵，读懂他们的内心。一旦了解了他人的真实想法，我们也就更容易调整谈话的方向，把话说到他人的心里去了。

作为职场新人，小新每天下班之前，都会主动向上司汇报自己一天的工作，让上司多多给他提出宝贵的意见。刚开始几天，上司很欣赏小新这种主动工作、认真严谨的态度，然而，有一天是周五，看到小新又在下班前十分钟来汇报工作，上司不由得着急起来。原本，他约了爱人下班后一起去吃烛光晚餐，如果迟到，一定会破坏爱人的好心情，因为她是最不喜欢等人的。看着小新积极的样子，上司也不好说什么，只好硬着头皮开始听小新汇报。

偏偏这天小新的工作多而杂乱，汇报完这件，还有那件，足足说了二十分钟也没说完。上司心里急得火烧火燎，因而不停地看手腕上的表。小新原本正在投入的汇报报表，等到好不容易对着报表说完之后一抬头，就看到上司满脸焦急地正盯着表看。小新突然意识到：上司频繁地看表，而且面色焦急，一定是急着下班。想到这里，小新匆匆忙忙地结束汇报，告辞时还不忘说：“对不起啊，耽误您宝贵的时间了。”上司看到小新离开，赶紧收拾东西下班。紧赶慢赶，总算抢在爱人抵达的前一分钟到达约定地点。他心里还是欣慰地想：这个小新，虽然是个新人，还算有眼力见。她要是再汇报十分钟，我今晚预定好的烛光晚餐就要不欢而散了。

小新是个非常聪慧的姑娘，在一看到上司满脸焦急且频繁看表之后，她就意识到自己的汇报不合时宜，因而赶快结束。如此一来，上司虽然十分焦急，却最终按时到达约会地点，可谓虚惊一场。如果小新不懂得观察上司的表情，一味无所顾忌地汇报下去，那么当上司与爱人的烛光晚餐不欢而散时，上司对小新也会产生不好的印象。由此可见，要想在职场上拥有好人缘，不但要付出真心和努力，更要认真细致地观察他人的表情语言，这样才能准确读懂他人的内心。

人的面部有很多肌肉，能够做出无数种表情。在日常交流中，我们除了使用语言表达内心之外，还要使用表情作为辅助作用。很多情况下，表情能够弥补语言表达的不足，更好地表达我们的内心。同样的，我们也只有更加细致入微地观察他人的表情，才能更加深入地了解他人心思，从而让交谈更加愉快。

眼为心门，读懂眼睛才能读懂心

早在一千多年前，孟子就曾经说过，眼睛是人心灵的窗口，要想观察一个人，首先要观察他的眼睛。因为眼睛不会撒谎，语言却能矫饰。对于一个凶恶的人，他的眼睛也一定是凶恶的。对于一个心地纯真善良的人，他的眼睛也会清澈明亮，从不躲躲闪闪。因而，在听他人说话时，我们也应该观察他人的眼睛。唯有如此，我们才能根据他人的真切反应，及时调整思路，调整与他人谈话的方向，从而更好地与他人交流。

眼睛最主要的作用就是看东西，不仅看各种各样的物体，更看人，看人细致入微的表情，还时常与他人的四目相对。经常看影视节目的人都会发现，很多时候画面一片沉默，导演唯独给了眼睛一个特写，那是比语言更加深刻的表达。眼睛，能够直接抵达人的心灵，比语言的交流作用更强，而且更加真诚。

作为一名老员工，老杨居然在领导新官上任三把火期间，犯了一个严重的错误。老杨有些担心，要是老领导在，一定会狠狠地批评他。不过，老领导心直口快，批评完之后只会让他认真改正，而绝对不会秋后算账。但是他不了解新领导，因而不知道自己会受到怎样的待遇。

果然，新领导让老杨去他办公室一趟，老杨忐忑不安。在面对新领导时，老杨刻意回避眼神，进行述职。他非常诚恳地认识到自己的错误，并且保证会改正。然而，在他喋喋不休地说完之后，却看到领导的眼睛正看着他，试图与他进行眼神的交流。在老杨终于鼓起勇气看向领导时，领导却闪开了眼神，说："嗯，既然你已经认识到错误，作为老员工，我想也不需要我再多说什么了。"当看到领导的眼神时，老杨突然心里有底了。因为领导的眼神非常柔和，一点儿都不犀利，而且满怀真诚，就像孩子一样很纯真。老杨暗暗想道：这个领导肯定温柔有余，严厉不足。他对领导说："放心吧，领导，我一定会避免再犯同样的错误，竭尽全力支持您的工作。"那一瞬间，领导眼睛里流露出感激。此后，老杨不但自己认真努力地工作，还时常督促同事们也都好好工作，尽量配合新领导。

从新领导的眼神里，原本忐忑不安的老杨看到了真诚、友善和柔和。当然，老杨是老员工，肯定是有自觉性的，而且他这次犯错误原本就是意外。当从眼睛直接看到新领导的内心深处，老杨决定更加认真努力地工作，尽量给新领导减少麻烦和负担。这就是眼神的力量。也许如果犯错误的是个新员工或者是经验不足的年轻员工，领导的眼睛里会是严厉，这样才能鞭策和督促他们更加努力。然而，老杨是个老员工，一直以来工作表现都很好，因而领导才以鼓励和信任老杨为主，激发老杨的工作积极性。

一直以来，目光的接触是人们交流思想的方式之一，而且效果非常好。通常情况下，专注地看着别人代表凝神倾听，目光看着别处且漫不经心，则代表对谈话厌倦……总而言之，每种不同的眼神都因为具体的情境不同起到不同的效果。所以，善于交际的人总是擅长用眼神来表达自己微妙的思想，或者通过观察他人的眼神以做到了解他人的真实想法。如果能够恰到好处地运用眼神，你就会独具魅力；如果能够准确地从他人的眼神里得到信息，你也会变得受人欢迎。尤其是在职场上，当上下级关系比较微妙时，恰到好处地运用眼神则能够更好地表达自己的意见，往往能起到此时无声胜有声的独特作用。

手势是我们把握对方心里的突破口

作为交流的辅助工具，手势语言的作用也不可小觑。所谓手势语言，就是指人们在进行语言表达时，因为情绪激动，或者是觉得语言乏力，因而有意识或者无意识地做出来的手势动作。通常情况下，手势语言能够辅助正常的语言交流，而且很多聋哑人在经过专业训练之后，对手势语言运用得炉火纯青，能够很好地用手语与他人交流。当然，对于正常人而言，手势语言并不作为主要的交流工具使用，大多数情况下都是交流时无意间做出来的，或者是有意为了加强情绪表达而做出来的。举个最简单的例子，小时候每当惹父母生气，父母如果苦口婆心地劝说我们却达不到效果，他们就会愤怒地把手使劲地拍在桌子上，以对我们起到震慑的作用。从本质上来说，这就是一种手势语言，只不过因为情绪激动而导致幅度过大且不够自制。

生活中，在与他人交流时，我们也常常会情不自禁地使用手势语言。几个月的孩子在父母的教导下，就会与人飞吻，用手打啵；稍微大一点儿之后，他们还会对人说拜拜，并且作出相应的手势。这些都是手势语言的最初应用。由此可见，手势语言是伴随着人们的成长发展起来的。在日常交际中，如果我们能够很好地运用手势语言，就能够更好地与他人交流和沟通，为我们发展人际关系起到良好的作用。

周末，小安要随同男友张强去拜见未来的准婆婆。这是小安第一次见张强的父母，所谓丑媳妇迟早都要见公婆，尽管小安不丑，却依然非常紧张。她早早起床，拿上提前准备好的礼物，与张强在约定地点见面后，就直奔准婆婆家而去。

果然，准婆婆慈眉善目，看起来很欢迎小安的到来。小安和准婆婆礼貌地交谈着，很快，到了做午饭的时候。虽然小安要去厨房帮忙做饭，但是婆婆却再三拒绝，说是厨房太热，让小安坐在客厅喝茶看电视。小安便老老实实地坐在客厅，这时，准公公下班回到家里，与小安又是一番寒暄。寒暄之后，公公对张强说：“张强，你妈呢？在做饭呢吗？”公公一边说，一边对着张强指了指，接着又指了指厨房。张强突然领悟爸爸的意思，因而轻轻地拍拍小安的肩膀，冲着厨房的方向抬了抬下巴。冰雪聪明的小安，赶紧去厨房帮准婆婆摘菜洗菜。准婆婆这次没有推却，一边与小安闲聊，一边做饭。小安一直在给准婆婆打下手，吃完饭之后还抢着收拾餐桌，刷洗碗筷。下午告辞时，准婆婆伸出胳膊搭在小安肩膀上，一直簇拥着小安，把小安送到楼下。眼看着准婆婆转身回家，小安这才松了口气。张强高兴地说：“好啦，好啦，看我妈对你的样子，居然用胳膊揽着你，你应该是过关啦。从此以后，但愿你们婆媳之间皆大欢喜。”小安笑着说：“傻样。对了，你怎么突然让我去厨房帮忙啊，看你妈的样子不想让我去啊！”张强长吁一口气，说：

“幸亏老爸及时回家，用手示意我去厨房帮忙，不然咱俩就犯了错啦！实际上，妈妈是在和你客套呢，她当然想趁着与你一起下厨的机会，和你多聊聊天。而且，这也能看出来你将来能不能成为勤快贤惠的儿媳妇啊！”

丑媳妇见公婆，心里自然是紧张的，幸好，小安得到贵人准公公相助，在公公的间接指点下，准确意会了婆婆心思，洗手进入厨房，与婆婆一边烹饪一边闲谈，不亦乐乎。在送小安下楼时，准婆婆也以自己的手势语言准确传达心意，她对这个媳妇儿很满意。在生活中的很多情况下，有些事情是没法明说的，或者语言也不足以使他人意会。在这种时候，我们可以多多发挥手势语言的作用，更好地传情达意。当然，我们也要学会根据现实情况准确解读他人的手势语言，这样才能领悟他人心意，从而更好地与他人交流。

点头并不一定意味着认可

大多数人都觉得点头意味着认可，因为每当看到他人点头，说话的人总是沾沾自喜地想：哇哦，他很认可我的看法，我说得对。从内心深处来说，每个人都希望得到他人的认可，也渴望着他人的尊重和赞美。为此，我们最喜欢看到他人听我们说话时频频点头的样子。然而，点头并非只有认可这一种含义。很多情况下，点头也代表厌烦，代表烦躁，代表希望尽快结束谈话。

在倾听他人时，点头或者意味着认可，然而频繁点头，则代表烦躁不安，代表急于结束谈话。因此，我们在与人交流时，应该根据实际情况区分他人点头的意味。唯有如此，我们才能正确理解他人的意思，从而保证交谈始终在正确的轨道上行进。

正在读大四的王悦和张章都在找工作，为了得到系主任的推荐信，他们最近经常与系主任交流，希望得到系主任的青睐，最终拿着一封满是溢美之词的推荐信去面试。但是，系主任明显更喜欢王悦，很快就给王悦开出了推荐信，却对张章爱搭不理。这是为什么呢？原来，张章不善于倾听，且看不懂系主任的肢体语言，不但不能很好地倾听系主任的教诲，也无法正确理解系主任的意思，因而在系主任面前的表现总是不合时宜。

一天，张章去找系主任开一个证明，系主任向往常一样，说着说着就把话题跑偏了。他对张章说："张章，你可要认真工作啊。别像我女儿那样，放着好好的中国不愿意待，非要跑到什么美国去，害得我和我爱人现在想看她一眼都看不着……"然而，系主任喋喋不休地说了很久，张章都没有任何反应，他既没有用眼睛注视着系主任，也没有对系主任思念女儿表示同情，而是时而看着窗外，时而看着门口，一副不耐烦的表情。等到系主任好不容易说完，张章开始提出自己的请求，系主任却频繁地连连点头，说："嗯嗯嗯，我知道了，知道了。我会帮你办的，嗯嗯嗯！"虽然系主任明显表现出厌烦，张章却误解了系主任的意思，以为系主任同意现在就帮他办理，因而缠着系主任不放。由此一来，系主任对张章的印象更差了。

当王悦来找系主任开推荐信时，系主任依然老生常谈，说着说着就开始唠叨自己的烦心事。王悦毫不厌烦，耐心地注视着系主任，还会时不时地点头，对系主任的孤独生活感到同情。在系主任发表完长篇大论之后，王悦还真诚地说："主任，您放心吧，虽然您女儿远在美国，但是我们这些学生有很多都留在了本市啊。别人怎样我不敢说，但是我毕业之后也一定像现在这样，经常陪您聊天。要是家里有什么脏活累活，你就让师母给我打电话，我一定随叫随到。"毋庸置疑，在王悦认真倾听系主任的倾诉，并且说出这番感人肺腑的话之后，系主任当即拿起笔来，亲笔写了一封推荐信给王悦。

从王悦和张章在系主任面前的不同待遇来看，读懂别人频繁点头的意思显然能够让我们避免误会，从而不会在他人心烦气躁的时候继续纠缠他人。同样的，如果我们自己能够在倾听他人的时候适当点头示意，让他人意识到我们很赞同他的意见和看法，也能深刻理解他人的感受，则他人一定会非常感激我们的倾听，甚至给出超出我们预料的回报。总而言之，不管对任何人，我们都要怀着尊重。唯有如此，我们也才能赢得尊重，这是亘古不变的真理。

不管是对待点头还是摇头，抑或是其他的表情语言或者肢体语言，我们在判断其中的含义时，都应该结合当时的实际情况，认真分析。这样才能了解其中的真实含义，而不至于说出让人反感的话，或者是做出让人反感的事情。如此一来，怎能不拥有好人缘呢！

第05章

掌控对方心思，找出你想要的答案

语言是人与人之间交流的桥梁，没有语言就没有相互交流的平台。而生活中，有些人在与人交流的时候，总是企图在语言上胜出，以此来让别人接受自己的意见或者观点，而结果却总是事与愿违。其实，这是因为他没有了解真正的沟通需要从心理的角度入手。如果我们懂得从抓住对方的心理开始，用一番别具特色的语言，定是能打动对方并成功掌控陌生人心理的！

善加引导，让对方了解你的心理

生活中，我们与人沟通的时候，并不一定是将内心隐藏得越深越能达到目的。相反，有时候，我们若能适当“暴露”自己，让对方看出我们的心理，也能避免一些误解的出现，这样更有助于彼此间的交流与沟通。当然，这里的“暴露”并不指直截了当地说出我们的答案，而是要让对方根据我们“口中所说”，而达到“心中所想”。实际上，那些善于掌控他人心理的人往往都会采取逐步引导的方法，丝丝入扣，让对方帮他们说出答案。

一般来说，我们可以通过用以下方式来让对方了解我们的心理：

1.语言暗示法

晚饭后，几个研究生因为有个没有解决的课题，去找学校知名教授。时间过得飞快，不知不觉间已谈到夜深，教授接过其中某个学生的话题说：“你们提的这个问题很值得研究，明天我去上海参加一个学术会，准备就这个问题找几位专家一块聊聊。”几位学生立刻起身告辞：“很抱歉，您明天还要出差，耽误您休息了。”教授连忙说没关系。

在这种情况下，教授若直接告诉学生们自己要休息了，虽可以达到辞客的目的，但却显得是在“逐客”，这些学生也会陷入尴尬的境地。他隐晦地表达出来，不仅顾及了自己的身份，也保住了学生们的面子，可谓一举两得。

案例中的教授就是运用的语言暗示法。这种方法一般可用于批评、提意见等沟通场景中，因为如果直言的话，可能会造成不必要的误会。

2.语言误导法

日常生活中，只要善用误导策略，就能收到满意的效果。聪明的发问者总是预先埋下伏笔，让对方不知不觉中失误陷入语言的陷阱。

在某酒店里，来了一对尊贵的夫妇。酒店服务员想为客人推荐酒店的特色菜。于是，她这样问这位客人：“您要不来点我们这儿的清蒸鲍鱼？”但似乎她的问话效果并不明显。于是，酒店经理亲自为客人点菜，准备推荐酒店的海鲜。她这样问客人：“您今天是要一份海鲜还是两份？”客人的回答是两份。就这样，服务员们也掌握了经理的问话方式，于是，酒店的海鲜便成了最畅销的菜。

面对酒店经理的这种问话方式，大多数顾客都会择一而答。可见，“误导策略”也是一种很有效的促销手段。同样，误导式的问话方式，在人际交往中也可以为我们所用。比如，有位朋友在你家作客，你不知道他是否要留下来吃饭，想明白地问一声又怕为难朋友，此时不妨问：“今天想吃什么？是中餐还是西餐？”

用这种策略发问时，也有我们值得注意的地方，因为不是所有人都会掉进我们设置的“语言陷阱中”。我们要注意对方的年龄和身份以及文化修养与性格特征，有人为人热情爽快，有人性格内向，有人马马虎虎，有人谨慎小心。每个人的性格不同气质必然相异，如果没有考虑这些条件而随便发问，便可能有意外的状况发生。

巧用引导式的心理策略，在心理沟通中，能更好地传递你想要表达的信息，使对方立即获得情感上的满足。与此同时，沟通的效果就产生了，对方也会以“礼”回敬！

以心换心，用你的私事诱导对方说出心事

我们发现在现实生活中，每个人似乎都有几个可以互诉衷肠的知心朋友，人与人之间为什么会由陌生人成为朋友？因为情感的共鸣！从心理学的角度看，人际关系的疏近，是与其交谈的话题有一定的关系的，关系越密切，所谈话题越个人化、私密化。但交谈之初，交往双方往往是互存芥蒂之心的，而这对于整个交流无疑是毫无益处的，此时，如果我们能主动跨出交往的第一步，向对方透露自己的一些私事，那么便能给对方一个心理暗示：我们之间关系很好，你可以向我倾诉你的心事。可见，在与人交流的过程中，并不是隐藏得越深越好，否则，它只会让人的心理距离越来越远。

随着社会的进步，人们越来越渴望交往，于是，就有了社交。但无论是哪一种社交形式，都需要交谈双方的主动意愿，都要起到传递信

息、交流感情的作用。可是，又是什么能带动交谈双方吐露心声呢？很简单，答案就是“秘密的交换”。因此，如果我们能主动先透露自己的“秘密”，那么就很容易赢得对方的信任，对方也就愿意向我们袒露心声。

那么，日常生活中，我们该如何通过讲私事来赢得他人的信任呢？

1.适度自曝短处

比如闲暇时候，你可以和同事闲聊自己曾经失败的事，这比谈自己成功的事，更易拉近彼此间的距离。因为老是炫耀自己成功的光荣事情，容易让人产生反感，而留下不好的印象。而说说自己的短处，这样，我们就避免了故意犯错，因为首先在态度上我们已经示弱并表示了友好，对方没有不接受的道理。

暴露自己，要达到让对方产生如“这个人有点小缺点，但是其他方面挑不出毛病来，是个相当不错的人”的想法。然后，对方也会时不时地向你“爆料”一些个人私事，甚至愿意把你当成知心朋友。

2.把握暴露秘密的度

提倡“自我暴露”，并不是让你把自己的“老底”都揭给对方看，不分场合和对象地将自己“暴露无遗”。我们不妨选择暴露那些不会影响到整体形象的“小事件”或者“小缺点”“小毛病”等，正因为这些小瑕疵的存在，我们会显得更真实、更可爱。

学会以上这一暴露自己的小技巧，我们在与难以相处的人打交道时会更有效率，而且你会发现这些人似乎并不是那么难以相处。与此同时也提高了自己与人相处、人际交往的能力。

那些“趋于完美”“毫无瑕疵”的完美主义者，似乎总是“曲高和寡”，并没有太多的朋友。可以说，越是苛求完美，人际关系也越差，因为这些人虽然优秀，但不可爱。会让人产生一种敬畏和猜疑心理，而不愿与之深交。在与陌生人交谈的过程中也是如此，那些表现得十分完美的人，人们往往敬而远之；相反，适度表达“秘密”和缺陷，可以赢得关注。

巧用激将法，激起对方不服输的情绪

人是一种情绪化的动物，人们的情绪很容易因为周围的一些人和事而发生改变。比如，人们有不服输的逆反心理：越是被否定，越是要证明自己；越是受压迫，越是要反抗等。正因为人们有这样的心理，也就产生了激将法的心理策略。激将法，就是利用别人的自尊心和逆反心理的积极一面，以“刺激”的方式，激起对方不服输的情绪，将其潜能发挥出来，从而得到不同寻常的说服效果。

因此，生活中的人们，在正面操控他人心理不成功的时候，不妨也采取这种心理策略来刺激他人，达到目的。比如，如果你求人办事，在请求没有用的情况下，你可以反向地刺激他，将对方激怒：“你不去做，是因为你不敢去做吧？”“我想你可能也没什么办法。”你这样说，对方心里一定会想："谁说我不敢？""你怎么知道我没有办法？""我偏要做给你看！"这样，你就达到了自己的目的。在运用激将这一手法上，诸葛亮可谓运用得极为巧妙，尤其在选人用将上。另外，熟知《西游记》的人们也可能都知道，孙悟空也经常采用这一激将的方法来刺激猪八戒去做一些他不愿意做的事。这一计谋通常在那些争强好胜的人身上更容易起作用。

因此，在求人办事的时候，他们如果不买你的账，你不妨使用激将法。但我们在使用激将法时要看清楚对象、环境及条件，不能滥用。同时，运用时要掌握分寸，不能过急，也不能过缓。过急，欲速则不达；过缓，对方无动于衷。

那么，激将法有哪些方式方法呢？

第一，明激法。

明激法意在直截了当、充分利用对方的逆反心理，通过一阵"猛雷"给对方当头一棒，从而达到你的目的。比如，你可以这样说："我明白，您老不帮忙，可能也是心有余而力不足吧！"这句话在他心里的分量是很重的，因为每个人都不愿意被人看扁。

第二，暗激法。

暗激法就是借赞他人来贬损对方，以达到激将的目的。

勾践出兵伐吴，半路上遇见一只眼睛瞪得大大的，肚子鼓得圆圆的，好像在发怒的大青蛙，勾践于是手扶车木，向青蛙表示敬意。手下人不解，问其缘故，勾践说："青蛙瞪眼鼓肚，怒气冲天，就像一位渴望战斗的勇士，因此我对它敬重。”全军将士都觉得受大王恩惠多年，难道不如一只青蛙？于是相互劝勉，抱着坚定的信念，驰骋疆场，为国立下了战功。

除此之外，我们在运用激将法的同时，还得要了解对方，因人而用。要对对方的心理承受能力有所了解，如果激而无效，那么也是白费力气。同时，我们还要掌握分寸和火候，语言不能“过”。如果说话平淡，就不能产生激励效果，如果言语过于尖刻，就会让对方反感；语言不能过急，也不能过缓。

生活中，有些人，如果正面激励他完成某项任务或者帮我们办事的话，他会推三阻四，讨价还价，即便是勉强答应，也像欠了他莫大的人情。如果我们能将“激将法”这一攻心术运用得好的话，我们在说话办事的过程中将会如虎添翼。

寻求他人帮助时，不过分夸大困难

通常情况下，人们在求助于他人办事时，都觉得自己应该态度诚恳，好话说尽，甚至还要苦苦哀求，才能得到他人的帮助。其实不然。在求人办事时，如果费尽口舌也没有良好的效果，不如改变策略，转化说话的方式，反而能够得到意外的收获。尤其是对于那些众所周知的难题，只采用常规方法并不能如愿以偿，反而出其不意才能攻其不备，从而使事情得到圆满的解决。

在说日常的难题时，如果一味地强调难题的重点，则会让人望而生畏。这也是很多人在求助于他人时很难得到帮助的原因。明智的人在寻求他人帮助时，不过分夸大困难，甚至还会适度地降低困难的程度，以免被求助者产生畏难心理。此外，转移话题还有一种形式，就是把目的改变一种方式说出来。在这种情况下，被求助者就不会纠缠于难题本身的难度，而是会更加关注事情的结果，或者是求助者引导他所关注的侧重点。如此一来，求助的难度自然会降低很多。从某种意义上来说，这种改变方式转移话题重点的说服方法，是一种心理上的沟通和较量。高明的求助者总是从心理上打动他人，从而让他们心甘情愿地给予其帮助。否则，说出来的话不入耳，他人自然不愿意伸出援手。

在十九世纪的时候，音乐之都维也纳的很多上流社会的妇女们，都很喜欢戴着高高的帽子。即使进入剧院看戏，听音乐，她们也依然戴着帽子不愿意摘下来，如此一来，坐在后排的人总是被遮挡住视线，导致观看体验大打折扣。对此，剧院经理也深感理解，毕竟谁花钱来剧院都是为了视觉和听觉的双重享受。为此，剧院经理特意在剧院入口处立了一个大大的广告牌："来剧院看戏，请您自觉摘下帽子，以免影响后排观众。"然而，广告牌挂出去很长时间，没有任何妇女把这个友情提醒放在心上，依然戴着高高的帽子观看。为此，剧院经理苦恼不已。

一个偶然的机会，他突然想出了一个好主意，把广告牌上的提示语改头换面，内容如下："亲爱的女士们，请来剧院时脱帽落座。考虑到年老的女性身体较弱，因而特许年老的女性戴着帽子。"在很长的一段时间内，剧院经理在戏剧开始上演之前，都会特意把这番话再以加重语气的方式说一遍。每当得到提醒，那些原本忘记脱帽的女性就会马上拿下帽子，否则就是在承认自己很老。由此一来，这个关于帽子的大难题得到了很大的改观，再也没有妇女带着帽子落座了。

毫无疑问，剧院经理非常聪明。他正是抓住女性朋友害怕被别人说老，而且发自内心不愿意承认自己老的心态，改变了友情提醒的侧重点，从而使得每一位女性都能主动做到脱帽落座。如此一来，剧院的生意也越来越好，即使是后排的座位也能够很快地销售出去了。

转移话题的侧重点，其实就是改变一种方式说话。尤其是在求助于人的时候，并非只有某种一成不变的方式，只要稍微把思路转化一下，就能得到意外的惊喜。此外，很多陈旧迂腐的事务都会给人以糟糕的感受，在这种情况下，经常换新方式待人处事，还能给人全新的感受和体验，不但能够减少厌烦的感觉，还能打开常变常新的局面。

小心谈话，避开他人的"语言软肋"

这个世界上，每个人的人生经历和成长过程都有着和别人的不同之处。他们都有自己值得炫耀的经历和成就，自然也有着不足为外人道的隐私和伤痛，因此每个人都有敏感的话题和语言的“软肋”。当你在和别人进行谈话的时候，一定要注意对方的身份，最大限度地了解他的性格和经历，掌握好谈话的分寸，以免在无意中侵入对方心灵的禁区，在伤害别人的时候也给自己带来不必要的麻烦。

俗话说“男不问薪水，女不问年龄”，其实不该问的何止是这些话题，包括对方的工作状况、家庭纠纷、事业进展以及计划等这些东西我们最好不要去打听，更没有必要为了满足个人的好奇心而给别人带来不快。我们应该知道，说话的时候要注意尊重对方的隐私，只有尊重对方的隐私，才能让人感觉到人格上受到了尊重。

当你想向对方询问一些话题的时候，最好不要脱口而出，而是要仔细地思考一下是否会涉及对方的隐私，如果因为这些话题给对方带来不快，就尽可能地去避免它，只有这样才能让对方很快地接受你，对你产生良好的印象，和你建立深厚的友谊。

一般来说，一个人的“语言软肋”包括以下几点：

1.生理的缺陷

任何一个男人都希望有一个魁梧的身躯和充满阳光的面孔。任何一个女人也都渴望沉鱼落雁和倾国倾城的容颜。但是，上天往往不遂人愿，大部分人都会有着这样或那样的缺陷和不足，尽管这些属于客观的存在，但是爱美的心会让他们去刻意地回避这些话题。比如：发福的人忌讳别人说“肥”的评价；秃顶的人忌讳“光芒四射”的语言；身高不足的人忌讳“武大郎”的称呼；相貌平平的人忌讳“丑八怪”的评价；

跛足者忌讳“地不平”的戏谑；驼背者忌讳“忍辱负重”的玩笑话，等等。这些生理的缺陷往往就会成为一个人自卑的源泉，自卑的心态也就造成了他们把这些生理缺陷当成了语言的“软肋”。因此，当我们谈话的时候，应该注意别人的生理缺陷，不能用一些自以为无伤大雅的话来刺激对方，给他们带来心理上的伤害，使之对你产生厌烦和仇恨的心理。这不仅仅是口才技巧的问题，更是做人的道德要求。

2.不堪回首的往事

每个人的生命历程都会存在一些大大小小的挫折，在挫折之中有些人会作出一些违背心性的选择，这是很正常的现象。但是，经历过这些挫折的人，往往会因为当时的选择而成为心中永远放不下的思想包袱。他们对这一段的经历总是忌讳莫深，自然不愿意拿出来和人分享，更不愿意有人旧事重提。因此，当我们了解了一个人的过去之后，更应该进行选择性的谈话，回避对方的恋爱受挫、事业低谷等经历，免得给对方带来不快。

3.追悔莫及的错误

“人非圣贤，孰能无过”是一个很浅显的道理，不过每个人都有着自己的是非评价标准，有时候会为了在别人看来十分微小的错误而不肯原谅自己，长时间抑郁寡欢，以至于想到自己曾经犯过的错误和无法挽回的损失而感到忏悔和自责，也就更不愿意让别人来提及这些追悔莫及的经历。当别人无意或有意地谈论到这些话题的时候，当事人就会面红耳赤，无地自容。

以别人的痛楚和忌讳为乐事的人，是缺乏道德修养的，因此，我们应该尽量避免这类错误的发生，以免带来恶劣的影响。那么，我们怎样做才能不给别人带来伤害呢？我们不妨从以下几个方面着手，来取得良好的效果。

1.出言谨慎

把对方的忌讳视为语言禁区，以免触到对方的伤痛，比如在官场失意人的面前慎言飞黄腾达，在感情受挫人的面前少提夫唱妇随等，以免给对方的心理带来不快和压力。

2.用词委婉

很多的忌讳是谈话者双方无法避免的，但是即使是在这种情况下也不要直来直去，而是要采用比较委婉的方法，尽量不要让对方显得难堪。比如，面对一个考研屡受挫折的人，你不能直冲冲地问："考不上了怎么办？"不妨说："假如你不想上研究生的话会怎样选择呢？"这样就会给对方以应有的尊重，接下来的谈话才能顺利进行。

3.岔开话题

一个人说话再谨慎也不能避免冒犯别人的忌讳之处。当因为个人的失言而给别人带来不愉快的时候，不能着急地去解释，那样的话只会越描越黑，倒不如机制巧妙地岔开话题，让双方都能从尴尬的气氛中解脱出来。比如王某和赵某两个朋友聊天，谈及赵某的哥哥为什么年过而立还孑然一身的时候，赵某随口来了一句："他曾经谈过几个对象，但是因为女方嫌他个子太矮而告吹了。"刚说完，却记起了王某是也是矮个子的人，赵某便急中生智地说："其实，有资料表明，矮个比高个更精明，寿命也更长。就说我哥哥吧，他最近翻译出版了一部英国长篇小说，你又正好是英语教师，正要请你指正呢!"赵某巧妙地把话题转开，在不动声色之间做到了亡羊补牢。

第06章

几种讨人喜欢的表达方式，让你更受欢迎

与人沟通中，我们都想要达到打动人心的效果，而这需要我们找到最佳的说话方式。说对话，就能讨人喜欢，就有了感情，有了感情什么事也就都好办了。所以，要与人建立良好的关系，最快捷、最深入的办法就是了解对方的性格特征、兴趣爱好，然后找到对方喜欢的谈话方式，有的放矢。

笑容是最纯真美好的名片

在生活中，每当接触陌生人时，我们总是能够感受到强烈的戒备心理。这种警惕和戒备，大多源于对方对你的不了解。很多情况下，人们的恐惧都来源于未知。如果能够事先判定一个人是好人还是坏人，则恐惧也会随之消失。然而，现代社会生活和工作的节奏都大大加快，当我们随时随地都有可能面对陌生人时又该如何是好呢？最简便快捷的方法，无异于展示你最纯真美好的名片——笑容。

在世界各国，也许各个国家的人们语言不通，风俗习惯也各不相同，但笑容是全世界通用的。唯有真诚的微笑，能够在一语不发的情况下就成功消除人与人之间的隔阂，打开他人的心扉。因而，当你不知道如何与人相处时，当你不知道怎样介绍自己以取得他人的信任时，当你不知所措地面对窘境时，不如真诚地笑起来吧。不管是微笑，还是大笑；不管是张扬的笑，还是含蓄的笑，总是具有相同的效果，能够瞬间让我们成为受人欢迎的人。有的时候，人们之间彼此产生了误解，笑容同样是最好的消除隔阂的方式。没有人会对一个冲着自己笑的人大声呵斥，更不会与其针锋相对，即便彼此之间真的有什么误解或者纷争，也会因为笑容变得缓和。

有一次，马波因为出差赶火车，在车站里急急忙忙地走着。突然之间，一个衣衫褴褛的中年男性拦住了他，向他乞讨一些钱。中年男性看起来非常憔悴，而且面容苍老，一看就是个农民工。但是现在这个年头坏人实在太会伪装，马波虽然愿意帮助他人，却不想自己辛辛苦苦挣来的钱被骗子骗走。他迟疑地问中年男性："你回家的车票多少钱？"中年男性不好意思地说："成人是60元，儿童是30元，要90元钱。"听到这句话，马波才发现中年男性的身后还有一个七八岁的孩子。

就在马波的目光看向孩子时，孩子突然笑了。他脏兮兮的小脸就那么一瞬间绽放开来，露出了洁白的牙齿。这一刻，马波的心被笑容温暖，渐渐融化，他想："算了，宁愿被骗，也不能不帮这对父子。"想着，他拿出100元钱，递给中年男人。中年男人激动地说："太多了，太多了。"马波头也不回地走了，边走边喊道："给孩子买点儿吃的。"在站台上，马波等了很长时间，他要搭乘的列车却晚点了。正当他焦急万分时，一个稚嫩的声音喊道："叔叔，再见！叔叔，再见！"马波抬眼看去，依然是那天真的笑容。马波心花怒放：这对父子回家了。

面对现代社会形形色色的骗子，很多人在行善的时候都有些迟疑不决，归根结底，帮助真正需要帮助的人当然要慷慨，但是对骗子却绝不能心慈手软。幸好，小男孩真诚的笑容感动了马波，消除了马波心中的警惕和戒备，让他相信这对父子真的需要帮助。尤其是当站在站台上等车的马波看着跟随列车飞驰而去的父子时，心中感到无比地欣慰。

不管在怎样的环境中，真诚的笑容都是富有感染力的。曾经，一个教父在每天散步时都与村子里的青年笑着打招呼，而在被纳粹关进集中营面对生死抉择时，他发现掌握生杀大权的居然是那个村子里的青年。在心里万分紧张、忐忑不安时，教父什么也没说，只是依然如同往常一样和他笑了笑，小声打了个招呼。就是这个笑容，让教父获得了生的权利，逃脱了死亡的厄运。笑容的力量，永远不可估量。要想让这个世界变得更加温暖，充满友爱，我们就应该对每一个人都真诚地笑。只有笑容，才是永恒的人类语言。

吃惊的表情，能够让对方兴致勃勃

这个世界上，又有谁愿意和一个木头人说话呢，那一定是极度乏味的感觉。如果真的有人愿意对着木头人说话，他说的肯定是不想被人知道的事情，又或者他不愿意像他人打开心扉。对于真正想要交谈的人而言，如果听自己说话的人总是面无表情，则倾诉就会变得非常乏味寡淡，甚至让人不想继续下去。

当然，每一个参与交谈的人都希望谈话是饶有兴致的，都希望参与者是兴致盎然的。良好的交谈氛围，需要每个人都努力争取。除了前文所说的要说对方感兴趣的话之外，当你作为倾听者时，又应该怎样让对方更加滔滔不绝，口若悬河呢？其实很简单，你既不需要打断对方的谈话发出感叹词，也不需要手舞足蹈影响对方的发挥，你只需要调动面部的些许肌肉，就能激发对方的谈兴。正确的做法是，你应该眉毛上扬，把眼睛瞪得像铜铃一样，而且最大张大，半天都合不拢。没错，这就是吃惊的表情，而且是非常夸张的吃惊的表情。在倾听他人说话时，我们不管是随便插话还是因为激动而手舞足蹈，都会无形中打断对方的思路和讲述，让对方扫兴。只有表现出吃惊的表情，适当地与对方进行眼神交流，你才能既避免打扰对方，又最大限度地激励对方继续兴致勃勃地说下去。如此一举两得，实在是最佳的倾听方法。

在这次聚会上，丽娜作为老板的秘书出席，除了随时听候老板差遣之外，几乎没有任何事情可做。很快，她就感到厌烦了，但是又不能离开。她落落寡欢地端起一杯鸡尾酒，蜷缩在角落的沙发上百无聊赖。突然，一位男士走到她面前，这位男士看起来彬彬有礼。经过简单寒暄，丽娜才知道这位男士也是一位老总的助理，因而和她一样无聊。

就这样，两个无聊的人有一搭无一搭地闲聊着。丽娜的谈兴原本不是很高，因为她实在是有些疲倦了。然而，当丽娜没精打采地说起去美洲旅行的见闻时，尤其是当听到丽娜被美洲土著追赶时，男士突然眉毛上扬，眼睛瞪得大大的，惊讶地说："真的吗？你真的看到美洲土著，还被他们追赶了？但是，你又不会说他们的语言，是如何脱身的呢？"说完，男士就那么保持着惊讶的表情，而且还夸张地张开嘴巴不合拢，似乎正在无限渴望着丽娜赶紧给他答案。看到男士的样子，丽娜不由得哈哈大笑，说："当然啊，我差点儿被留在印第安的原始森林里了呢！”这时，男士的表情更夸张，下巴简直都要掉下来了。丽娜恶作剧般地说：“但是我会十八般武艺啊，因而就逃出来了。”男士简直觉得难以置信，后来，丽娜告诉他：“导游会说印第安语，告诉他们我们是来旅游的，他们就不那么警惕和戒备了。”

整整一个晚上，只要丽娜说起有趣的或者惊险刺激的事情，男士就总是露出夸张的表情，让丽娜一个晚上笑了不知多少次。不知不觉间，为时三个小时的宴会居然已经结束了，曲终人散。丽娜意犹未尽地对男士说：“很高兴认识你，与你聊天很愉快。”

原本不想与男士聊天的丽娜，在男士夸张表情的刺激下，谈兴渐浓，居然说到宴会结束依然意犹未尽，这就是惊讶的魔力。尤其是对于说话的人而言，当倾听者表现出夸张的惊讶表情，他们一定觉得自己演讲的技能非常之高，而且极具渲染力，因此也就越说越起劲了。

当你作为倾听者，想要不动声色的鼓励说话的人更加投入时，不妨就多多表现出夸张的表情。只要你恰到好处地表示惊讶，说话的人就一定会因此而变得兴奋激动，说起话来也就更加全心投入。这样的交流，往往让人到结束时还恋恋不舍，只想让美好的时间过得慢一点，再慢一点。

放低自己，抬高对方

自古以来，人们就认识到水涨船高的道理，与这个道理相反的是，要想让某件物体显得高一些，也可以利用对其参照物贬低的做法。例如，这个世界上如果没有丑的存在，也就无所谓美。为了衬托玫瑰花的娇艳，那些硬生生的刺显得无比难看。同样的道理，在人际交往中，我们不可能永远成为焦点，很多时候，我们必须抬高别人。然而，赤裸裸的阿谀奉承又让人感到难堪，在这种情况下，不如适当放低自己，也就间接起到了抬高他人的效果。

人的天性就是爱面子。很多人虽然心里知道自己是错的，做得不足，也不愿意当着他人的面承认。因而，我们与人交往时，要想赢得他人的心，首先要做的就是给足他人面子。无疑，抬高他人是一种很好的给足他人面子的方法。

来到新公司之后，对于办公室里几个已经成为同事好几年的女孩，薇薇总是觉得彼此之间隔着万水千山，无论如何也亲近不起来。这倒不是因为薇薇不好相处，而是那几个女孩几年来朝夕相处，就连节假日也经常相约一起度过，因为作为一个小团体的她们根本不愿意接纳新成员。为了攻入这个小团体，薇薇煞费苦心，但是收效甚微。

一天中午，有个叫思雨的女孩，在网上买了件时髦的旗袍。趁着午休，她迫不及待地换上旗袍让其他小姐妹们看。看着几个女孩热闹地围在一起叽叽喳喳，对旗袍品头论足，一旁的薇薇便想出了一个好主意。当她听到思雨说：“哎呀，我最近就是长胖了，以前我穿M码的衣服根本就是宽松的，现在你们看，紧紧绷绷的，难为情。”薇薇凑上去，说：“你这哪里叫胖啊！那你以前肯定太瘦了，因为你现在不胖不瘦刚刚好，又纤细苗条，又匀称丰满。哪里像我啊，我告诉你们，我的腰围二尺六呢，我和你们一比，简直就是个大水桶。就像你这件国色天香的旗袍，穿在你身上叫倾国倾城，穿在我身上直接就爆裂了，根本就像是箍在水桶上。”听到薇薇这么抬高她，思雨高兴得简直合不拢嘴。尤其是听到薇薇把自己形容成大水桶时，思雨便更觉得自己婀娜多姿了，因而她马上高姿态地说：“哎，你这也不是胖，是比较丰满。而且，现在有好多大码的衣服呢，穿起来特别有派头，可惜我这样的想穿也穿不起来，倒是很适合你。”薇薇惊讶地说：“真的吗？我很少上网买衣服啊，我买衣服特别困难，要是有合适的你一定要给我推荐啊！”

第二天，为了报答薇薇贬低自己抬高她的情谊，思雨就为薇薇在淘宝找了一件大码的衣服，看起来飘飘洒洒，非常有气质。薇薇说：“既然你说好，思雨，我相信你的眼光。我是最不会买衣服的，这下好啦，有你为我把关。”如此一来二去，薇薇和思雨的关系越来越亲近，也逐渐融入了小团体之中。

为了抬高思雨，薇薇贬低了自己。当然，这也算不上过分的贬低，因为薇薇的粗壮身材和思雨的纤小较弱恰恰形成了鲜明对比，也算是名副其实。只不过薇薇以带着贬损的语气说出来，让思雨觉得无限感激。其实，很多女孩在说自己胖的时候，都是为了获得他人的夸奖。思雨也是如此，她如愿以偿地得到了薇薇的真诚赞美，可谓心满意足。既然如此，她当然也会想着回报薇薇，为薇薇也做些力所能及的事情。如此礼尚往来，让他们彼此之间的关系越来越亲密。

曾经有位名人说，自嘲是最高境界的幽默。的确如此，能够坦然自嘲的人，一定有着超强的心理素质，不会因为一些无关紧要的原因就否定自己。在自嘲的同时，倘若还能顺带着抬高别人，讨得别人的欢喜，岂不是一举两得吗？真正的强者，无畏自嘲，也不怕贬低自己，因为他们很清楚自己的实力，也不担心会因为自嘲和贬低就真的降低自己。人际交往中，显而易见的赞美并不容易，往往会有拍马溜须之嫌，但是自我贬低则不同，以贬低自己的方式适当抬高他人，是让人心花怒放又不至于误解的一种方式。

语言低调，给对方留下平易近人的印象

中国有句俗语：“低调做人，高调做事”，这其中的低调做人就包含说话这门艺术。尤其是当双方地位悬殊，而对方的地位较低，与之说话时，如果我们说话低调一下，会满足普通人的自尊心理需求，会给对方容易亲近的印象，这样的讲话方式理所当然地会受到对方的欢迎。

美国有位总统，在庆祝自己连任时开放白宫，与一百多位朋友亲切“会谈”。

“小时候哪一门功课最糟糕，是不是也挨老师的批评？”小约翰问总统。“我的品德课不怎么好，因为我特别爱讲话，常常干扰别人学习。老师当然要经常批评的。”总统告诉他说。

总统的回答，使现场气氛非常活跃。

后来有一位叫玛丽的女孩，她来自芝加哥的贫民区。她对总统说，她每天上学都很害怕，因为她害怕路上遇到坏人。

此时，总统收起笑容，严肃地说："我知道现在小朋友过的日子不是特别如意，因为有关毒品、枪支和绑架的问题，政府处理得不理想，我希望你好好学习，将来有机会参与到国家的正义事业之中。也只有我们联合起来和坏人作斗争，我们的生活才会更美好。"

总统告诉小朋友们，自己的过去和他们一样，也常被老师批评，但只要经过自己的努力，也会成长为有用的人。总统在认同小朋友对社会治安担心时，还鼓励小朋友参与正义事业，因为那样正义者的力量会更大。

总统放低姿态的谈话方式使小朋友们发现，总统和他们之间没有任何距离，也像他们一样是普通人，是可亲近的、可以信赖的"大朋友"，从而紧紧抓住了小朋友的心。即使场外的大人们看到这样的对话场面，也会感到总统是一个亲切的人。

可见，与地位低者说话时放低姿态，不仅拉近了双方的距离，而且更容易沟通，更容易让对方从心理上接受自己。

那么，我们具体该怎样运用低调说话这一心理策略呢？

1.沉默是金，不要抢着发言或说话

真正的说话技巧，并不是不放过任何一个说话的机会，而是懂得适时地说话。低调说话，就是需要我们懂得沉默。也就是说，任何时候，我们都不要抢着发言，即使对这个问题有处理办法，也只是建议别人该如何去做，而不是说应该怎样去做。说话低调，可以给自己留下余地，不至于让自己尴尬与难堪。沉默是金，这也许并非人生箴言，却也是许多风雨人生的凝聚。早在白居易的诗中，就有了“此时无声胜有声”的意境。到了语言所表达的极限，便需要用沉默来体会和理解。当我们沉默的时候，就给了对方更多的说话机会，自然会得到对方的好感。

2.不要当面指出别人缺陷和过错

任何人都是爱面子的，尤其是当自己犯了过错或者被人发现某种缺陷时，更是希望别人不要指出来。但生活中总是有那么一些人，与人交谈只顾一时口舌之快，有意无意地对他人造成了伤害，有时一句侮辱性的语言完全可能把深厚的友情葬送。因为，没有人能彻底忘掉别人对他的侮辱，即使那个人曾经有恩于他，或者他们曾经是好朋友，所有这一切，都无法弥补你在语言上对他人造成的伤害。

3.开玩笑也有分寸

小李是单位中的帅哥，他现在在一家外企上班。正是因为他英俊的长相，他在大学校园内有“恋爱专家”的雅号，而毕业后，他在众多的女友中选上了貌若天仙的丽。也许是为了炫耀自己的能耐，小李带着丽去参加朋友聚会。

就在大家天南海北闲谈的时候，“快嘴”王换了话题，谈起了大学校园罗曼蒂克的爱情故事，故事的主人公自然是“恋爱专家”小李。“快嘴”王眉飞色舞地讲述小李如何引得众多女生趋之若鹜，又如何在花前月下与女生卿卿我我。丽开始还觉得新奇，但越听越不是味，终于拂袖而去。小李只好撇下朋友去追丽。

实际上，我们都知道，“快嘴”王不是有意要揭小李的伤疤，但他的追忆往事确实使丽难以接受，无端捅出了娄子。这不仅使小李费不少周折去挽回即将失去的爱情，而且使在场的人心里也不高兴。可见，有时候，口下留情很重要，开玩笑可以活跃气氛，但玩笑也不能乱开。否则，你就会成为不受欢迎的人。说话应该谨言慎行，给语言的刀子加上一把鞘。

从以上三点，我们可以看到，说话谦虚低调不光是美德，更是一种明智的说话策略！也是我们在人际交往中必须要掌握的处世方法！

主动承认错误，消除不快

生活中，我们与人交际的过程中，会因为说错话、做错事而让交际对象心生不悦，而如果我们始终不肯主动承认错误，把话说开的话，将会给对方留下指责我们的机会，而同时，双方之间的关系也会因此而产生隔阂甚至会闹僵。因为对方心中这种不悦心理的存在会随着时间的推移而逐渐加深。而相反，如果我们能在犯错之后立即主动认错，对方心中的这种不快便也会随之消失，也会因为我们敢于认错的这种交往品质而留下良好的印象。《人生的弱点》中就讲了这样一件事：

我住的地方，靠近纽约中心。从家里出门步行一分钟，就是一片森林。我常常带着雷斯到公园去散步；它是一只温驯而不伤人的小狗，因为公园里游人稀少，我一般不给它系上狗链或戴口罩。

有一天，在公园碰到一位骑马的警察。他严厉地拦住我们，“干吗不给它系上链子？”他训斥道：“不知道这是违法的吗？”“是的，我知道。”我连忙温和地回答：“不过我的狗从来不咬人。”“不咬人？这是你自己的想法，法律可不管你怎么想。他可能在这里咬死松鼠，也可能咬死小孩。这次我不追究，下次我再看到这只狗不系链子，不戴口罩，你就只 好去跟法官解释啦！”我客气地点头，连说“遵命”。我的确照办了，可是雷斯不喜欢戴口罩，有一次我决定再碰碰运气。

这天下午，雷斯和我在一座小山坡上赛跑，突然间，我又碰上了那位执法大人，雷斯跑在前头，直向他冲去。我知道这回要倒霉了。于是不等警察开口，就抢在他前头说：“警官先生，这下你当场抓到我了。我确实有罪，触犯了法律。你在上个星期就警告过我了。”“好说，好说。”警察说话的声调意外的温和。“我知道在没有人的时候，谁都会忍不住要带这么好的一只小狗出来溜达。”“这倒是的。”我说，“但我违反了规定。”“这条小狗大概不会咬上别人吧？”警察反而为我开脱起来。“这样吧，你们跑到我看不见的地方，事情就算了。”我向他连连道歉，带着小狗走过了山坡。

这位警察前后态度的变化，缘于故事中带狗的主人的语言艺术，假如这位带狗的主人不是赶紧道歉认错，而是设法辩解，不管他的理由多么充分，恐怕也不能得到警察的谅解。在人际交往中，只有缺乏智慧的人才会为自己的错误寻找借口，强词夺理；而智者总能够坦率诚恳地道歉认错，取得对方的谅解。

那么，我们在运用主动认错这一心理策略的时候，该注意哪些语言技巧呢？

1.先道歉后解释

有错就应先认错，以诚恳的态度取得对方的谅解。千万不要找客观原因为自己辩解、开脱，使对方怀疑你的诚意，从而扩大裂痕，加深隔阂。如确有非解释不可的地方，应在道歉之后再作解释，才能表示自己的诚意。如："对不起，这事我做得真不对。事情是这样的……"

2.道歉时的语气和态度

真诚的道歉，应该做到语气温和，态度坦诚而谦卑。道歉时目光友好的看着对方，并多用一些礼貌用语，如"请包涵""请原谅"等。同时，道歉的语言以简洁为好。只要表明了自己的态度，对方也表示谅解就行了，切忌重复、啰唆。

3.假如你觉得道歉的话说不出口，可用别的方法代替

比如，如果你与某个朋友发生了不愉快的事，你可以打电话问他："还生气呢？"即使对方以前再生气，面对你的道歉，他一般都会说："生什么气啊。"可见，打电话致歉是个好办法。

4.没有错，有时也需要道歉

这种情况常适用于管理者。当你的下属在工作中未能恪尽职守或者某一方面的工作未尽人意，为了促使下属进一步反省，也为了挽回单

位的信誉，作为管理者应诚恳庄重的向对方或公众表达歉意，以求得谅解。

总之，在道歉的语言技巧这部分里，我们需要掌握：先道歉后解释；假如你觉得道歉的话说不出口，可用别的方法代替；道歉时的语气和态度要把握好；没有错，有时也需要道歉这4点。

我们掌握了道歉的语言技巧，但是还应该根据场合、情况的不同，注意一些小事项：

① 切记道歉并非耻辱，而是真挚和诚恳的表现。

②道歉要堂堂正正，不必奴颜婢膝。

③把握道歉时机。应该道歉时马上道歉，时间越久越难启齿，有时甚至会追悔莫及。

第07章

使用这些秘密武器，让你的表达更有影响力

我们都知道，语言是人与人之间沟通的主要媒介，而语言要想达到好的表达效果、产生影响力，需要我们从“心”出发，通过了解对方的内心世界来表达，进而影响他人心理，而其实，如果我们能掌握一些秘密武器，是能增强这种影响力的，那么，这些秘密武器有哪些呢？本章将为你揭开谜底。

流泪是一种心理战术

自古以来，人们就总是说男儿有泪不轻弹，似乎哭永远是女性的专利，而男性必须得打落牙齿往肚子里咽，决然不能表现出任何软弱的迹象。然而，现代社会人们的思想观念非常开放，男儿为什么就不能哭呢？眼泪，再也不是弱者的代名词，而是人们宣泄感情和表达情绪的一种方式。有很多时候，如果运用得当，眼泪还能成为你强大的武器，助你一臂之力呢！

每个人都会流泪，甚至有的时候动物也会流泪。我们无从知道动物流泪时的心态，但是人流泪时的心理却多种多样。例如，人们伤心时会流泪，高兴时会流泪，发愁时会流泪，如释重负时也会流泪。看看奥运会的那些冠军们站在领奖台上时，至少有超过一半的人都会留下喜悦的泪水。再看看那些因为遭遇伤心事而无力承担的人吧，他们之中有些人号啕大哭，有些人则默默无言地流泪。生活中，很多人都不知道如何面对和安慰一个流泪的人，尤其是很多男性一看到女性突然流泪，就会万分紧张，手足无措。通常情况下，面对流泪的人，人们会马上对其从对立面，转移到与其统一战线。例如，几个月的婴儿一哭起来，父母就会赶紧过去抱他。如此几番之后，小小的婴儿就知道哭能让父母妥协，给予他温暖的怀抱，因而他也就常常哭泣。既然小小的婴儿都知道运用流泪要挟父母，更何况是成人呢？实际上，从心理学的角度而言，流泪也是一种心理战术，因而我们不但要会运用这种心理战术，也要在他人对我们运用此战术时，做到坦然以对。

作为不可一世的拿破仑的妻子——约瑟芬，曾经是子爵夫人。但她水性杨花，品行低劣，总是与丈夫以外的男人勾三搭四。当拿破仑在战场上与敌人浴血奋战时，留在家里的约瑟芬却认定拿破仑不可能回来，因而无所顾忌地与其他男人偷情。然而，骁勇善战的拿破仑回来了！得到消息的约瑟芬吓得瑟瑟发抖，赶紧远道迎接拿破仑的归来，然而，拿破仑避开了她，早就与家人团聚了。其实，拿破仑虽然人在战场，但是却消息灵通，他早就听说了约瑟芬让人不耻的行为。因而，他决定要与约瑟芬离婚。

约瑟芬迎接拿破仑未果，赶紧赶回巴黎。拿破仑让仆人将其拒之门外，约瑟芬却想方设法回到家里。然而，她不知道如何面对拿破仑。思来想去，约瑟芬决定以眼泪为武器，来打动拿破仑的心。整整一天，她都守候在拿破仑紧锁的门前苦苦哀求，伤心地哭泣。她真心诚意地悔改，承认错误，而且边哭边向拿破仑表明心意：如果你不原谅我，我只能选择以死谢罪。然而，即使约瑟芬从清晨哭到日暮，拿破仑依然不为所动。突然，约瑟芬脑中灵光一闪，想到了拿破仑最爱的孩子们。当即，她把孩子们都叫到门前，天真可爱的孩子也跪在门前，帮助母亲祈求父亲的原谅。最终，拿破仑被约瑟芬和孩子们的泪水感动，想到了他与约瑟芬曾经的爱情，想到了孩子们失去母亲的痛苦，因而也含着眼泪打开房门，原谅了约瑟芬。

如果没有超强的计谋，约瑟芬一定无法获得拿破仑的原谅，更无法帮助孩子们维持一个完整的家，也就无缘法国王后的至高地位。不可否认，约瑟芬还是一个很有毅力也很有头脑的女人，居然能够从清晨哭到日暮，最后还把孩子们也找来一起哭。约瑟芬很聪明，她早就知道眼泪是超强的武器，最终，她用眼泪感动了骁勇善战的拿破仑。

其实，不仅仅女人可以以眼泪作为武器使用，自古以来有泪不轻弹的男人如果能够恰到好处地运用眼泪这个武器，也能起到出人预料的效果。早在古代，刘备三顾茅庐请诸葛亮出山，在遭到诸葛亮推辞时，就运用了眼泪作为武器，直哭得“泪沾袍袖，衣襟尽湿”，最终得到了天下奇才诸葛亮的辅佐，从而成就大业。总而言之，不管是男人还是女人，适当示弱，都能够让人心生同情。很多事情，都可以曲径通幽，在一种方法不起作用的情况下，不如调整策略，以眼泪为攻势，让他人出其不意，反而能如愿以偿。

抓住对方在意的重点，暗合对方心理

在日常交际中，我们在与对方的交流沟通，实际上就是一场心理的较量。而且，彼此都带着各自在意的重点，以此来达成共识。那么如何才能打动对方呢？这需要我们仔细观察，从对方言语中抓住对方在意的重点，再以其在意的东西作为利诱，这样一来，对方肯定会心动，而不得不答应我们的请求。而且，我们在以其在意的东西作为利诱，以此来暗合对方的心理，这样会让对方感到很受尊重，在无形之中，也拉近了彼此的距离。有时候，对方在意的东西往往是他的把柄之一，有可能他会为了在意的重点而放弃之前所提出的条件，在此时我们趁虚而入，对方就会在交流中败下阵来。

另外，在日常交际中，双方的沟通最忌讳彼此沉默不语，或者自己在那里说得口若悬河，对方却总是一副爱搭不理的样子。那么，如何才能打动对方开口说话呢？最好的办法就是善于发现对方比较在意的东西，比如兴趣爱好，从对方感兴趣的东西说起，这样才会使整个谈话过程变得愉悦而畅快。

那么，哪些才是对方在意的重点呢？

1.找到对方的利益所在点

可能，在每个人身上，他们都会有一定在意的关于利益的东西，有可能是金钱，有可能是名声，有可能是地位。那么，在沟通的过程中，我们要善于以对方在意的利益作为诱饵，以此达到打动对方的目的。

2.找到对方的兴趣所在

每个人都有自己的兴趣爱好，因此，在交流过程中，我们要想办法找到对方的兴趣点。可以在与对方交谈之前做好准备工作，打听对方有什么兴趣爱好；也可以通过自己的观察或提问来获得对方感兴趣的事情。

另外，为了获得更多有关对方的信息，更好地打动对方，我们需要让对方尽可能地多说话。所以，话题要先从对方的兴趣说起，这样顺势展开的话题会利于整个沟通的顺利进行。

声音厚重洪亮，令人产生好感

语言是最重要的交际工具，说话风格也能反映一个人的魅力和性格特点。心理学家认为：性格外向的人，说话声音洪亮而粗犷；性格内向的人，讲话的声调柔和而谨慎。人们更愿意与那些说话声音洪亮的人打交道，因为他们大多活泼开朗、为人正直，是值得信赖的朋友。同时，在初次接触的过程中，人们也更容易对那些声音洪亮的人产生好感。

日本电产公司用人的方法是独特的，为了把不同类型的人用于不同的工作岗位上，他们曾采用了以嗓音大小来定应聘人员素质优劣的“说话声音考试法”。

公司事先准备好一篇文章，让应聘者轮流朗读；或者来到大街上，让参加应聘的人员站在人群拥挤的车站前进行演说或谈自己的经历。考官们则站在50至100米外的地方，确认他（她）的声音能传多远。接着考官们让应试者再随便打一个电话，例如，在公司里一个房间打电话给其他房间，根据其谈话的风度、语言的运用，当然也包括声音的大小、谈话的方式等决定录用与否。

这项考试的重点是考察应聘者讲话声音的大小，讲起话来有无思想顾虑。同时，考察他是原封不动地转达书中或别人的谈话内容，还是将这些内容变成自己的东西后，用自己的话表达出来。

这项考试的主要目的，是考察应聘者有没有自信心和创造力，而这些正是新员工走上岗位干好工作、为公司的发展作出贡献的最基本前提。

该公司总裁认为，具有且能够发挥领导人才能的人，不仅善于指挥他人，而且说话声音洪亮，对任何事都充满信心，会看着对方的眼睛清楚地表达自己的意思。

从这家公司特殊的用人规则上，我们可以看到说话时声音是否饱满、洪亮在第一印象中的重要性。

声音是否洪亮，一般是由两个要素决定的：

1.音量

音量是指声音的强弱、大小。一些人在与人说话的时候，控制不好自己的音量，造成了两种极端：一种是音量过大，会造成身体消耗大，又不能恰当地表明自己的意思；另一种是音量太小，是一种不自信的表现，也不容易让听者听清其内容。

正是因为有以上两种情况的出现，对于音量的把握也需要一定的训练，在训练的过程中要注意几点：

无论你处于什么样的场合，音量都要适中；

要遵循一个原则，讲话时要让听众毫不费力地听清，因此，如果空间大、人数多，可适当提高你的音量；

要根据说话的氛围和情感基调来确定你的音量；

根据朗诵内容的长短来确定音量的大小。如果朗诵内容较短，一般来说，音量可以稍大；如果内容较长，一般来说，音量可以稍小。这样做的好处是保护自己的嗓音，因为长时间大声说话会使嗓音嘶哑。

2.音高

在了解音高这一含义之前，先需要了解音域，它指的是某一乐器或人声所能发出的最低音到最高音之间的范围。音高，则是指人讲话时所使用的音域高低，即声音的高度。

人的发声体是声带，每个人的声带条件是不同的，因此，发音技巧不同，音域不同，音高也就不同。

但需要注意的是，每个人的音高也是可以把握的。尤其是在起音的时候，不应太高或者太低，起音太高或太低，会给后面的朗诵带来困难，一旦不小心出现了起音偏高或偏低则应及时进行调整。

总之，说话时，让震动在口腔、鼻腔甚至胸腔的气息得到共鸣，这样，自己的声音才会饱满、圆润，高扬。

从心理学角度看，人们对那些声音饱满、圆润、洪亮的人更容易产生良好的第一印象。以上两点其实就是打开口腔的要点，以后在大声说话的时候，注意保持以上几种状态就会改善自己的声音。但是切记，一定要放松自己，不要矫枉过正，更不要本末倒置只去注意发音的形式，而把你说话的内容给忘了。

沉默是金，让你的言辞产生强大的气场

心理学上有一种现象叫“空白效应”，指的是故意设点悬念、吊一吊胃口，给他人留下想象的空间，更能激发人的好奇心和求知欲，让大脑变得活跃起来。而在“满堂灌”、全盘告知后，人们不仅容易产生心理疲劳，大脑的创造性思维还可能受到压制。有句老话叫“此处无声胜有声”，生活中，我们与人交流的时候，如果想要自己的言辞更加金贵并让自己说话时产生强大的气场的话，不妨也做到适时沉默。

另外，从心理学的角度看，人们对于那些懂得“三缄其口”的人往往更易产生好感。有些话该说，有些话不该说，说出去的话，就像泼出去的水，有道是“覆水难收”，人至成年没有理由对自己说的话不负责任。少说不如不说，这就是说需要保持沉默。自古就有谨慎说话的名言，如“吉人之辞寡，躁人之辞多”“丧家亡身，言语占八分”。但许多人仍有“话多”的毛病，聒噪喧嚣，令人厌恶。

可见，在日常交往中，说话可以表现出一个人的开朗、诚恳，但滔滔不绝、没有节制的说话也会表现出虚伪或缺乏自制力。因此，要掌握好说话的度，尤其在社交场合，做到表情达意即可，切勿大发议论，让人生厌。

生活中，与人交流，也可以借助此效应。但并不是留下任何空白都能起到效果。也就是说，留“空白”是一门艺术，不是一件简单、随意的事。

那么，我们该怎么留空白、适时沉默呢？

第一，要掌握火候。

也就是说，沉默要把握时机。比如尽量在对方心存疑念、渴望得到答案时候沉默，这样，能很好地起到吊胃口的作用。

第二，要精心设计。

我们要学会找到“引”与“发”的必然联系，当问题产生后，可以对对方适当点拨，使对方有联想。然后以“发问”“激题”等方式的诱因激起对方的思维，让其自己获悉答案，以此填补思维空白点，获取预期的效果。

总之，适当沉默是处理人际关系的无声“武器”，它会让你在与人沟通的过程中畅通无阻！不过到了该你说话的时候，众人都等你表态，等你提议，你若三缄其口，还是会惹大家不满意的。所以到了非说不可的时候，还是要大胆开口，当然也要讲究艺术，小心用词。

人有时要说话，有时要沉默；要学会说话，也要学会沉默；要善于说话，也要善于沉默。正如一位哲人所言：沉默是金，说话是银。如果你能把沉默这“金”和说话这“银”打造成合金，那么你将无往不胜。

说话底气足会更有说服力

现实生活中，很多人都为自己说话缺乏震撼力和分量而苦恼。其实，打动别人不但要有好的口才，其实这也是一种微妙的心理互动，是心理需求和心理动机在不断改变的过程。社会心理学家研究发现，说话时讲究心理战术，才能让你说话更有说服力。而要让你的话语更有分量，就必须在你的声音中加入更多的气力。

当然，现实生活中“被吓破胆”的情况是不会出现的，但我们却可以发现一个人说话底气十足对听者的心理作用。一个说话底气十足的人往往比那些说话轻声细语的人更有威力和震慑力。但这并不是说，声音的强度越大越好，一般来说，最佳的语音状态是：

①吐字清晰，节奏自然，语气得当。

②声音悦耳动听，清澈洪亮，气力十足。

③区分轻重缓急，随感情变化而变化。

而相对于以上三点而言，人们在说话时常常出现这些毛病：声音或飘忽不定，或音量过高，或音量过低，或生硬呆板，没有表现力等。所有这些，都会影响听众对你所说内容的理解。

总之，演讲的语言从语言表述角度看，必须做到发音正确、清晰、优美，词句流利、准确、易懂，语调贴切、自然、动情。

下面是几个训练我们说话气力的小技巧：

①降低喉头的位置。放松你的喉部，并不断放松。

②感受胸腔共鸣。你可以微微张开嘴巴，降低喉部位置，声带一张一合，慢慢体会胸腔的震动。

③打牙关。所谓打牙关，指的是不断地张合槽牙，此时，用手去摸

耳根前大牙的位置，看看是否打开了，然后发出一些元音，如“a”，感受自己声音的变化。

④提颧肌。面带微笑，嘴角微微向上翘，同时感觉鼻翼张开了，试试看，声音是不是更清亮了。

⑤挺软腭。打一个哈欠，顺便长啸一声，当然，你需要注意周围有没有人。

生活中，人们在说话时总是会呈现不同的语言特色，对于那些说话底气十足的人，人们会觉得他有能力且心理素质好，容易对他产生信赖感。因此，与人说话，不仅要从容大方，还要提高自己的音量，说话要有底气。

妙用非语言的重要辅助作用

人与人之间的交流，主要依靠语言进行。语言是人际沟通的桥梁，更是人与人之间的媒介。其实，语言表达的信息是有效的，更多的情况下，非语言信息，也对人际交流起到重要的辅助作用。当一个人僵硬得只用语言进行交流，那么这样的交流必然非常生硬，也无法达到交流的效果。而一个人在说话的时候，如果面部表情丰富，还能恰到好处地使用肢体语言，则他的表达一定会更加精妙传神，也能够把很多语言无法传递的信息、情绪和感受都表达出来。这种信息，当然更加丰富且有意义，而且也更具有感染力。细心的朋友会发现，那些擅长演讲的人往往都有丰富的非语言表达，诸如面部表情，身体语言，再如各种神态和姿势等。

其实，语言不仅作为人际交往的沟通桥梁，而且语言根据不同的组织形式也的确可以做到千变万化，但是语言表达传递的信息还是有一定局限性的。诸如，如果用语言来表现人的心理，语言就会显得苍白乏力。众所周知，人的心理活动是很活跃且丰富的，在人的心理活动和微妙情感之间，语言的表达作用很有限。在这种情况下，各种非语言就要作为重要的辅助作用，表现出语言所无法表达的信息，从而成为语言表达的有力补充。

很多时候，我们即使一句话也不说，但是别人从我们的表现中，也能推断出我们的心理状态，或者是身体状态。例如当我们面色憔悴，眉头紧皱，也许别人就会觉得我们是遇到了什么不开心的事情，所以很沮丧失落，甚至身体上也不舒服。再如，假如我们眉飞色舞、手舞足蹈，那么即使别人不问，也知道我们一定是心情大好。总而言之，我们微妙的面部表情、神态、姿势以及各种手势等，都能很好地表现出我们的内心，让他人洞察我们的内心。当然，在使用非语言表达自己时，我们也许不能在短时间内就做到得心应手，在这种情况下，我们应该多了解非语言，从而才能对它们做到熟悉和灵活运用。

关于面部表情，很多人都认为眼睛是心灵的窗口，也觉得通过观察一个人的眼睛，能够窥探到他的内心。实际上，现代社会人际关系复杂，很多时候我们并不能把所有心事都写在脸上，而是要适当控制的表情。尤其是在职场上，我们每天都要面对不同的人和事，不能喜怒形于色。但是只要细心观察，还是能够发现情绪改变的蛛丝马迹。

此外，身体姿势也是非常明显的内心表达。尤其是在谈判中出现变化时，不同的身体姿势，往往表现了不同的心理状态。在谈判白热化阶段，如果对方突然与你拉开距离，或者做在靠近门口的位置，就说明对方想要结束谈判，不想再继续纠缠下去。与此相反，如果对方突然做到靠近你的地方，那么则意味着对方想要尽快促成交易。

当然，在所有的非语言中，如果说表情是最微妙的，那么手势则是最为变化万千的。日常生活中，我们就经常使用手势表达各种意思，因而在所有的体态语中，手势是最自由、最灵活的。在与人交流的过程中，我们也应该学会灵活使用手势，从而恰到好处地表达自己。而且在语言不通的情况下，手势还在世界范围内具有共通性，诸如很多人与他人语言不通的情况下，就会用手势比划着与他人交流，而且效果还很好呢！

总而言之，表达不应该仅仅限于语言的使用，当语言无法成功表达我们的内心时，我们不如多多使用非语言表达的方式作为辅佐表达，这样一来，我们与他人的交流一定会更加和谐顺畅，我们也能够准确表达自己的内心和感情，从而与他人更好地相处。

第08章

会用心理学说服，让他人心服口服

我们都知道，人都是一种有感情的动物。古人云：士为知己者死。这是因情感的积极效应产生增力作用；反之，是因消极效应而产生减力作用。而要达到这一效果，我们首先要做的就是把握人心，说服只有做到攻心为上，才能把话真正说到对方心里，感动对方，最终实现我们的说服目的。

利用权威心理，让说服工作事半功倍

打开电视，为什么铺天盖地而来的广告上，全都是明星或者是权威人士在使用某商品的画面？如果雇佣普通人拍广告，广告费岂不是要节省很多吗？那些大明星个个动辄就要几百万上千万的广告费，为什么厂家或者经销商依然对他们趋之若鹜呢？归根结底，是权威效应在起作用。如果一个普普通通的家庭妇女说某个品牌的化妆品能够让人回到青春时代，肯定没人相信。相反，如果一个年轻貌美的大明星说自己正是因为使用了某品牌的化妆品，才能青春永驻，那么一定有很多人会跟风购买，尤其是这个大明星的那些铁杆粉丝们，这就是权威效应。

在现实生活中，人们都有服从权威的心理。正如前段时间黄晓明买了上海某个理财公司的产品，并且为其代言，结果导致很多普通民众跟风购买，最终赔得血本无归。心痛之余，那些跟风购买的人纷纷说："如果不是黄晓明代言的，肯定不会购买。如果不是看到黄晓明也买了，肯定不会买，就是因为相信黄晓明才买的。"面对这样的情况，同是作为受害者的黄晓明，自然不知道应该如何面对。毕竟，他的代言是商业行为，却不想大家都盲目地跟从他。尤其是在学术领域，对于那些德高望重的学术界泰斗，人们总是不假思索地认为他们所说的一切都是对的。虽然这种心理常常给我们的生活带来困扰和不可估量的损失，但是如果在说服他人时也能够灵活巧妙地运用权威心理，那么说服工作一定会事半功倍。

曾经，有个经验丰富的探险家被困在撒哈拉沙漠的深处，走了好几天都没有走出漫无边际的沙漠。就在他要感到绝望之际，突然眼前出现了一片绿洲。原本，探险家以为是自己体力耗尽，又累又饿，产生了幻觉。不想，他突然看到有位阿拉伯人走进绿洲，从一片池塘中捧起水来喝。见此情形，探险家也赶紧狂奔过去，冲进绿洲，迫不及待地来到池塘边喝水。后来在讲起这段旅行经历时，听众问他："你怎么敢直接喝池塘里的水呢？难道你不怕水里有毒，或者会损害身体健康吗？"探险家笑着说："作为当地的阿拉伯人，如果池塘的水里有毒，他们一定不会去喝的。要知道，他们可是从小就在沙漠里长大的啊。既然他们都能毫不犹豫地捧起池塘里的水喝，我又有什么好担心的呢？"

探险家在沙漠里旅行时，一定认真地观察了自己身边的环境。例如，他们会看水源是否清洁，能否饮用，也会看四周是否潜伏着危险。在又累又渴的时候，当他们看到阿拉伯人捧起水塘里的水喝时，一切担心都烟消云散。作为从小在沙漠里长大的阿拉伯人，他们是沙漠生活的行家，知道在沙漠里生活需要注意的方方面面。处于对权威的信任，探险家才会毫不犹豫地捧水来喝，丝毫不担心安全问题。这就是权威对人的影响作用。

在生活或者工作中，尤其是在职场上，我们肯定会遇到与他人意见不一致的情况。在这种情况下，强迫他人相信我们、服从我们显然是不可行的。我们只有运用心理学知识，巧妙地说服他人，才能让他人心服口服。尤其是当他人质疑你或者否定你时，你更应该想法设法地证明自己是正确的，让信任危机消散于无形之中，也帮助你得到他人的信任和认可。

说服要迂回前进，才是明智之举

在说服他人时，我们总是非常心急，恨不得一蹴而就，让说服马到成功。偏偏，说服工作是个慢活儿，正所谓心急吃不了热豆腐，是急也急不来的。要想说服他人，我们就要耐下心来，逐步推进，让对方从心底里接受你，理解你，认可你。尤其是当遇到他人偏要与我们背道而驰时，着急发火更无法解决问题的。我们经常从影视剧上看到，在无数战争中，强行攻占敌人的高地总是损失惨重。只有迂回曲折地包抄，才能在最大限度保存力量的基础上，获得最好的结果。说服也是如此。如果我们偏要与他人拧着来，甚至非要强迫他人接受我们的观点、意见和看法，则可能往往事与愿违。当进攻遇到顽固抵抗时，改变战略，迂回前进，才是明智之举。

战国时期，赵国的都城邯郸被魏国的大军团团围困住。被迫无奈，赵国不得不派出使者，去向齐国求援。齐国国君为了给赵国解围，派出大将田忌和孙膑率军。田忌和孙膑都是用兵高手，善于谋划。在发现魏国把主力军都派到赵国之后，他们决定不去帮赵国解围，而是率兵攻打魏国的都城。眼看都城即将失守，魏国情急之下只好调遣主力部队班师回朝。却不想，在人困马乏之际，中了齐军事先设下的埋伏，大败而归。此一仗，不但解了赵国的围，而且还打得魏军措手不及，是避重就轻战术的运用典范。这样的战术，不但有利于保存实力，以最小的成本获得最高的收获，也能迂回曲折，出其不意。如果我们能把这个战术运用到说服他人的过程中，那么应该也能够起到出其不意的效果。

为了把骄傲得像公主一样的小青追到手里，李磊简直费尽心机。他不但和哥们儿取经，而且还花费巨资经常给小青送昂贵的礼物。然而长得美若天仙的小青有无数的追求者，根本不把李磊放在心上。而且小青是个乖乖女，不想这么早就谈恋爱，她总是说要多多陪伴父母。这简直让李磊崩溃，他再也没有其他办法了。

一个周末，李磊在商场里无意间碰到小青，她正挽着妈妈的胳膊逛街呢。看得出来，小青和妈妈的感情很好，就像一对姐妹花。突然间，李磊脑海中灵光一闪，如果能把未来的丈母娘搞定，小青的问题是不是也就迎刃而解了呢！思来想去，李磊决定再进行一番努力。第二个周末，李磊得知小青要去外地学习半个月，因而带着精心准备的礼物，来到了小青家里。看到小青的父母之后，李磊先是进行了简单的自我介绍，然后就把陈年老酒和明前茶送给小青爸爸，还把专门托人从法国带来的香水送给了小青妈妈。看到李磊如此体贴，小青的父母都很高兴。最让他们惊讶的是，在快到吃午饭的时间，李磊居然亲自下厨为他们做了地道的川菜。原来，小青的父母祖籍四川，是读大学之后才把家安在遥远的北京的。吃到地地道道的家乡味，他们惊讶极了。当然，吃完饭之后李磊也没闲着，他不但清理了厨房，还陪着小青爸爸下了好几盘棋，这才告辞。

这样一天下来，对于这个眉清目秀、嘴巴甜甜、手脚勤快的小伙子，小青父母都很喜欢。接下来的周末，李磊依然展开丈母娘攻势，再次主动送上门陪伴丈母娘和老丈人。恰逢小青正好外出学习，老两口也很寂寞，因为他们很欢迎李磊。等到半个月之后，李磊显然已经成了家里的常客，小青的妈妈还特意为他准备了拖鞋呢！不出李磊的预料，等到小青回来后，父母经常在她面前念叨李磊的好，小青越来越关注李磊，甚至还让李磊邀请她看电影呢！如此一来二去，小青和李磊越来越熟悉，小青渐渐也对李磊产生了好感。最终，李磊如愿以偿地把小青变成了他的女朋友，依然与小青的父母相处得和谐融洽。小青妈妈经常对人说："我这个准女婿，可比儿子更贴心！"

在追求小青的过程中，李磊无疑采取了迂回曲折的办法。就像齐国包围魏国的都城为赵国解围一样，李磊也通过先博得小青父母的好感，最终赢得了小青的芳心。这样的方法，让李磊在诸多追求者中脱颖而出。常言道，闺女是妈妈的小棉袄。作为女儿，一定是与妈妈最贴心的。因而，当妈妈不停地说李磊的好话，小青自然也对李磊越来越关注，直至对卖力表现的李磊产生好感。

朋友们，不管是在生活中还是在工作中，我们在说服他人时，总会遇到难以攻克的堡垒。唯有把脑筋放得灵活一些，避免以硬碰硬，有效地保存实力，才能更加迂回曲折，事半功倍。我们必须记住，说服的最终目的就是让他人心服口服，因而我们必须找到最合理的方法，才能如愿以偿。

对逆反心理者，运用灵活的办法说服

生活中，很多人都有逆反心理。所谓逆反心理，也就是我们平日里所说的与他人对着干。拥有这种心理的人，总是不愿意心甘情愿地接受他人的指挥和安排，不是与他人背道而驰，就是对他人的话不理不睬。当父母遇到青春期叛逆的孩子，往往感到头疼万分，因为他们不知道怎样才能让孩子变得听话，更别说让孩子言听计从了。遇到这种叛逆心很强的对象，我们必须开动脑筋，想一些灵活的办法，才能让他们顺着我们的思路去做。

学校里发下通知书，想让孩子们报名参加兴趣班。正在读初一的苏帅逆反心理很强，正处于爸妈让他往东，他偏要不由分说地往西的阶段。对此，妈妈看了报名表之后，原本是想让苏帅报名参加篮球班，一则是苏帅有些胖，二则是苏帅的视力不太好，因而妈妈想让他多多运动，增强体质，也改善视力状况。然而，妈妈思来想去，觉得不能直接建议苏帅报名篮球班，否则他就算想报篮球班，也会不由分说地报名参加其他的兴趣班。最终，妈妈和爸爸一合计，想出了一个好办法。

妈妈问苏帅："帅帅，你觉得围棋班或者英语班怎么样？"苏帅不置可否地看着妈妈，毫不客气地说："怎么，你想给我提供建议？"妈妈笑了，说："不敢不敢。我只是觉得你很好静，而且你看你这浑身的肉肉，也动不起来。不如就不要为难自己，报名参加这种倾向于安静的班级更好。而且，英语班还能提升英语成绩呢！"苏帅不服气地说："谁说我好静了谁说我动不起来了！我明明身轻如燕，好不好？有你们这么小瞧人的吗？"妈妈心中暗暗窃喜，看来苏帅有些上钩了。想到这里，妈妈赶紧控制表情，以免流露出欣喜的意味，而是继续说："苏帅，真的，我觉得你不要为难自己。你看看，你体重这么重，如果去打篮球的话，一定会很辛苦的。你吃不了那个苦，真的。"苏帅撇着嘴看着妈妈，妈妈继续若无其事地说道："当然，你可以不按照我的建议报名围棋班或者英语班，但是我觉得你最好不要报名篮球班，否则一定有你的苦头吃。"说完这些话，妈妈就与爸爸出去散步了，家里只剩下苏帅一个人呢，他闷闷不乐地想：哼，居然说我绝对不能报名篮球班，我就偏偏要打篮球给你们看看。我不但要减肥，还要成为篮球王子，我一定要打出点儿成绩来！

次日，苏帅去学校报名参加了篮球班。直到参加了七八次课之后，他才装作漫不经心地和妈妈说："妈妈，下周我们学校有篮球比赛，你想去看我打比赛吗？虽然都是初级水平，但是我想也已经足够你欣赏了。”妈妈其实早就从老师口中知道了这件事情，却故作惊讶地说：“你，你……你要打篮球比赛？真的吗？我没听错吧！”苏帅暗暗得意，说：“当然，你儿子还是前锋呢！怎么样，你去看吗？不去也没关系。”妈妈连连点头，说：“嗯嗯，我当然要去，我怎么能错过我儿子打篮球比赛这种稀罕的事情呢！”

出乎妈妈的预料，苏帅在比赛中的表现特别好，而且妈妈在观看比赛的过程中才突然发现，苏帅比以前瘦了很多，身体也变得很矫健灵活。晚上回到家，妈妈迫不及待地把这个消息告诉了爸爸，他们俩偷偷地高兴了好久呢！

妈妈很了解苏帅，他是一定要违背父母的意思，与父母对着干的。因而，妈妈左思右想才找到好办法，那就是正话反说，最终让苏帅在逆反心理的作用下，选择报名参加篮球班，并且一鼓作气地锻炼、练习，进步神速，终于在篮球比赛上给妈妈了一个惊喜的亮相。

对于这些逆反心理比较强的人，如果我们足够了解他们，知道他们将会在逆反心理的作用下做出怎样的举动，那么我们完全可以背道而驰，故意正话反说，促使他们朝着我们期望的方向努力。如此一来，他们不但无法洞察我们的真心，而且会因为我们毫不客气的激励和鞭策，变得动力十足，最终一定会给我们一个惊喜。用这种方式来说服他人，不但不漏痕迹，并且效果显著。

妙用打比方，令说服效果更加显著

在说服他人的时候，如果一味地晓之以理，动之以情，则未免有些枯燥乏味。尤其是当对方开始感到厌烦时，如果你依然喋喋不休，往往会事与愿违，甚至导致对方与你的愿望背道而驰。那么，如何才能既说服对方，又不至于招惹对方厌烦呢？其实，中国的汉字博大精深，各种修辞手法层出不穷，倘若能够巧用比喻，以打比方的方式给对方形象地说明道理，或者渲染、描述，那么效果一定会更加显著。

对于说服的目的而言，比喻的效果不言而喻。比喻不但能够让语言表达更加生动，绘声绘色，也能通过恰到好处的关联，触发人们之前积累的经验和知识，如此一来，人们此前的知识与经验，就与现在即将掌握的知识之间，有了一个最好的关联通道。举个最简单的例子来说"她就像是刚刚离开水面的鱼，不停地扑腾"。在这句话里，我们无从得知的是她的样子，但是我们曾经看到过鱼在离开水之后不停挣扎的模样。因而，我们在读了这句话之后，就很直观地想象到她的样子。要想恰到好处地运用打比方的方法说服他人，我们就必须丰富自己的知识和经验，并且找到未知和已知之间的准确关联，这样才能极大限度地提高打比方的效率。当我们能够灵活运用打比方的方法说服他人时，我们的语言就会更加幽默。

有一天下班回家，赵虎显得心事重重。原来，他最好的哥们胡进要向他借钱，为了买房结婚，赵虎很想借给胡进，却不知道如何征得妻子的同意。赵虎在回家的路上一直在思考这个问题，因而好几次不小心走错了路口。为了打动妻子，他决定使出三寸不烂之舌的本领，总之无论如何一定要让妻子同意。赵虎路过菜场买了很多妻子喜欢吃的菜，而且赶在妻子下晚班回家之前做了满满一桌子的美味佳肴。

当妻子推开家门的那一刻，闻到饭菜的香味，不由得高兴地喊道："老公，今天是什么日子啊！"赵虎笑着接过妻子的外套挂在衣架上，说："今天是个好日子。"妻子疑惑地问："不是什么节日或者纪念日啊？"赵虎莫测高深地说："直到今天，我才知道自己多么幸福啊！"

"啊，为什么呢？难道你以前不觉得幸福吗？"

"当然不，我今天更加深刻地感受到自己的幸福。因为我今天见到了胡进。"

妻子问："就是你的那个好朋友？"

赵虎连连点头，说："你不知道，我只顾着享受与你结婚之后的幸福家庭生活，已经很久没见胡进了。今天一见，我简直吓了一跳，他失魂落魄，就像是一个人突然间受到惊吓。"

"咦，为什么他会这么惨？"

"其实还不仅仅像是受到惊吓。你见过雷雨天被淋得无处躲藏的狗吗？对，他就像一条流浪狗，失魂落魄，不知所措，而且还万分沮丧。"

"天哪，你这么一说，他好像不能活了似的。""正如你所说，老婆你实在是冰雪聪明，他就跟我说他不想活了。"

"为什么呢？我记得他与你年纪相仿，正是好过的时候啊！"

胡进这才感慨地说："哎，那你是没见到过他的女朋友。当初他刚开始谈恋爱我就说，这个女孩不是善茬，高颧骨，嘴巴凸起，一看就像是黄鼠狼似的，面相刻薄。结果呢，现在他快死在这个女孩手里了，当然，那个女孩如今是他的未婚妻。他的未婚妻非要让他买套房子，还要办一场轰轰烈烈的婚礼。初步估计，得五六十万吧。小胡已经借遍了所有的亲戚朋友，现在还差十万呢！"

"难道他要和你借钱？""哎，我这么聪明哪能让他张口呢！他一提起钱的事情，我就说：'小胡啊，我可不像你结个婚就要丢掉性命。你嫂子那是贤淑温柔，通情达理，要说你老婆是狐狸，我老婆那可是稀世珍宝大熊猫啊！'"

听了赵虎的话，妻子忍俊不禁地说："你这个家伙，打比方打得还挺溜的，落水狗，黄鼠狼，狐狸精，大熊猫，都从你嘴巴里蹦出来了！得了，既然你把小胡说得这么可怜，咱们也借点儿钱给他吧，总不能看着他被人甩了吧。但是他什么时候能还呢？"

赵虎赶紧说："这你放心。虽然平日里工资不高，但小胡的公司是有年终分红的。小胡说了，他年底就能挤出一部分钱来还债啦！"

为了说服妻子，赵虎可谓绞尽脑汁，才想出了这么多打比方的方法。效果的确不错，妻子被他逗得心花怒放，哈哈大笑。因为交谈如此开心，妻子居然在赵虎没有明确提出借钱给胡进时，就主动说要借一部分钱帮助胡进度过困境。由此一来，赵虎的心愿就达成了。

在说服他人时，一本正经固然很好，但是未必每个话题都适合严肃地交谈。我们唯有更好地运用心理学知识，并且最大限度地发挥语言的魅力，才能于无形中说服他人，并且让他人心甘情愿地接受我们的观点、意见或者主张。

情理结合，才能打动人心

在说服他人时，我们总是会遭到抵触。面对他人强烈的抵触情绪，我们应该怎么做才能让他们心甘情愿地采纳我们的意见或者是建议呢？其实，人都是生性崇尚自由的，没有人愿意被强迫。在说服他人或者是与他人针对某些重要问题的分歧展开交流时，我们应该采取商量的语气。否则，过于强势的语气会让对方在刚开始时就怀着戒备心理，不愿意继续与我们深入交流。

学会用商量的语气，而且不但要讲道理，还要摆事实，如此有理有据才能让他人心服口服。还需要注意的是，我们不要一味地从自己的角度出发考虑问题，而应该站在双方的立场上，既要争取自己的利益，也要保证对方的利益，这样才能以真诚从内心打动对方，让对方主动配合你，对你言听计从。

小敏大学毕业后进入家乡的初中工作，成为了一名老师。近年来，计算机教育逐渐兴起，虽然小敏家乡的初中很偏僻闭塞，但是在教育局的支援下，也配备了计算机教室，准备对学生们进行计算机普及教育。

学校里的很多老教师都对计算机一窍不通，唯独小敏是刚毕业的大学生，而且在大学里选修的也是计算机专业，因而，小敏责无旁贷地担任起计算机老师的职责，并且校长还特意叮嘱她负责计算机教室的一切工作。虽然校长器重她，但是小敏也面对着难题。原来，小敏不只一次向校长提起计算机教室必须配备空调，但是校长就是舍得不那点儿捉襟见肘的经费。当小敏说得多了，校长就以开玩笑的口吻说："你小子，是为了自己工作时凉快吧！"

有一次，小敏随同校长去中心学校的计算机教室参考，小敏刚刚走进计算机教室的门，就感受到一股凉风。虽然小敏知道这是为计算机降温的，但是依然明知故问："张老师，你们计算机教室有空调啊！"张老师惊讶地反问："当然啊，难道你们计算机室没有吗？"小敏摇摇头，张老师马上一本正经地说："那你们可要赶紧装空调。现在天气越来越热了，如果把教育局分配下来的计算机热坏了，那可就糟了。计算机主机最怕热，随便一台计算机的价格也超过空调了，更何况一屋子里有四五十台计算机呢！"小敏看了看一旁的校长，校长不好意思地说："咱们回去就装空调。"听了校长的话，小敏笑了。

虽然小敏在此之前给校长讲了计算机教室必须装空调的道理，但是校长却充耳不闻，还说小敏是为了自己凉快，才申请装空调的。然而，这次去中心学校参观人家的计算机教室，可算是给校长上了实实在在的一课，因而校长决定回去就装空调，如此，小敏再也不用费劲地说服校长了。

不管什么事情，要想说服他人，必须晓之以理，动之以情。如果讲道理不管用，则还要以事实作为最强有力的依据，让他人心甘情愿地发生改变。只有如此，我们的生活才会更加和谐，人们彼此之间的交流也才会更加顺畅。如果，只是一味地强迫他人，是不可能起到这样的效果的。只有掌握打动人心的方法，才能从根本上解决问题，使我们与他人的沟通畅通无阻。

每个人心里都有“软肋”

年少时最喜欢看金庸赏古龙，每当看到武侠小说中的主人公飞檐走壁，武功出神入化，总是激动不已。然而，让人遗憾的是，这些武林高手不管武功多么高强，总是有“死穴”，也可以叫“软肋”。任何人想要打败他们，只需要攻击他们的软肋即可。对于这样的情况，作为读者的我们总是焦急万分，为什么不能让他们的武功更加高强，变得天下无双呢?

现实就是这样，永远不会有想象中的完美。实际上，虽然时光流转已经进入现代，但是形形色色的人依然是有软肋的。每个人心里都有一个柔软的地方，这个地方不能触碰，也不对外开放，常常只是一人独享。在我们想要打动他人，或者一招制敌时，不如就从这些对方最柔软的地方着手，一定能够如愿以偿。尤其是对于性格古怪、固执或者是不愿意与人打交道的人，我们往往没有充足的机会与他人斡旋，因而更应该瞄他人的死穴，为自己的沟通扫清障碍。当然，这里所说的攻击他人的死穴，并非是要一招置人于死地，而是用最短的时间打开沟通的通道，让交流变得畅通无阻。

淑红是个非常苦命的孩子。早在她八岁时，她的爸爸就因病去世，只剩下她与妈妈、哥哥相依为命。毫无疑问，在最初失去爸爸的那几年，日子是非常艰苦的。当时，她的哥哥也不过才13岁。一个已经四十岁的女人带着两个年幼的孩子，艰难可想而知。然而，妈妈非常坚强，没有像大多数年纪轻轻就守寡的女人那样改嫁，而是咬紧牙关，把孩子抚养成人。

淑红没有读书，十一二岁的年纪就跟着村里大点儿的女孩一起外出打工。她在冷库里扒虾仁，或者在服装厂里做工，努力养活自己，不给妈妈增加负担。后来，哥哥结婚成家之后，妈妈渐渐老了，她还挣钱贴补妈妈的家用。就这样，到了二十七八岁的年纪，淑红也没有找到合适的男朋友。眼看着淑红的年纪越来越大，妈妈不由得着急起来。在农村，很多女孩二十出头就结婚生子，淑红无疑成了村子里的大龄剩女。有一次，有个亲戚给淑红介绍了对象，淑红原本不太喜欢那个男孩子，觉得他太黑，嘴巴也长得不好看。但是男孩非常坦诚地说："我已经听媒人说了你家里的情况，我知道你妈妈需要你赡养。你放心吧，以后只要有我一口吃的，就有老人家一口吃的，肯定不会让她过得比别人差。"这句话一下子就击中了淑红的软肋，一直以来，她最担心的就是妈妈未来养老的问题。看到男孩说得信誓旦旦，言之凿凿，淑红问："你说的是真的？无怨无悔？"男孩郑重其事地点点头。几个月之后，淑红与男孩举行了婚礼，走入了婚姻的殿堂。她说："他虽然不很帅，但是他懂得我的心。"

在这个事例中，男孩在听媒人介绍了淑红的情况后，一下子就找准了淑红的软肋。面对淑红的犹豫不决和不够满意，男孩一语中的地承诺要负担起给淑红妈妈养老的责任。因而，淑红的心突然间就动摇了。为了妈妈，也因为这个男孩的真诚和坦率，而且还有一颗充满爱的心，她最终决定接受男孩，与其携手度过一生。

每个人的心中都有软肋，如果我们想在最短的时间里打动他人，就应该知道他人心中最柔软的地方是哪里，也要明白对方心里的软肋。唯有一招取胜，我们才能更好地打动他人，从而为展示自己争取更多的时间和机会。在人际交往的过程中，如果我们能够抓住他人的软肋，就能够在交往中占据主动的位置，起到至关重要的作用。

第09章

不敢直说没什么，巧用暗示影响心理

在现代社会中，无论你是谁，也无论你从事什么工作，你都需要与人合作，单打独斗不可能真正成功。为此，很多情况下，你需要让他人接受你的想法、观点，只有在达成一致的情况下，才有可能采取一致的行动，而这就需要我们掌握一些说服他人的本领。然而，真正的说服是要贴合他人心理的，也只有说到对方心坎里才有可能达成我们的目的，此时就需要我们掌握一些心理暗示策略和技巧。

敲山震虎，令对方认识到自己的错误

人都是有自知之明的，即使是犯了错误的人，其实也能主动意识到自己的错误或者不足。因而，如果你不想直截了当地撕开对方的脸皮，指出对方的错误，更不想不留情面地批评和指责对方，那么你完全可以说些类似或者相同的错误给对方听，以起到打草惊蛇的警示作用。如果对方自觉，一定会在听了你的话之后有所收敛。如若不然，你再在对方执迷不悟的情况下毫无保留地批评指责，也为时不晚。

人与人之间的相处，都是缘分使然。虽然每个人都很难让他人感到满意，而且因为利益的关系彼此之间也会产生竞争关系，但是相识皆是缘分。我们唯有惜缘，才能更好地与他人相处，也才能在气愤的时候记得给对方保留一些颜面，从而避免反目成仇。

丽丽是个命运悲惨的女孩，从小就失去父亲，是母亲一手把她和哥哥拉扯大的。然而，自从哥哥结婚之后，嫂子对母亲却很过分。不但想把母亲从家里赶出去，还经常咒骂母亲是个老不死的。虽然丽丽几次因为气愤，想要与嫂子争论一场，甚至狠狠地吵一次，但是她很清楚这个家只剩下她与母亲还有哥哥，因为总想给哥哥留点儿面子，不想一家人之间闹得太僵。

这一天，嫂子突然指着母亲破口大骂：“你这个老不死的，你也不撒泡尿照照自己，你怎么就长得这么丑呢！”吃饭时，嫂子做好饭就自己带着孩子吃了，根本没让母亲吃饭。丽丽下班回家后，看到母亲红肿的眼睛，知道母亲一定又受气了。因而，她生气地说：“我去找她理论，看她是不是不想跟我哥过了！她难道没有父母吗？她难道不是人生父母养的吗？”母亲赶紧拦住丽丽，哭着说：“丽丽啊，你爸爸去世早，是我一个人把你们拉扯大的。你哥哥好不容易才娶到媳妇，我就算死了，也不能把他的家拆散了啊！”无奈，丽丽只好忍下这口气，做了点儿简单的饭菜给母亲吃。然而，丽丽越想越不对劲，这样纵容下去，嫂子终有一天不知道要对母亲怎样呢！因而，她左思右想，想到了一个好办法。

一天，丽丽休息，装作漫不经心的样子跟嫂子聊天，说：“我单位有个同事，最近家里都乱套了。还有两个孩子呢，却要离婚。”嫂子惊讶地说：“都有孩子了，为什么要离婚呢！”丽丽故作玄虚地说：“这件事只有我知道，嫂子你别告诉别人啊。我这个男同事，就是为了他媳妇对他妈不好，所以才要离婚的。这个女人也不知道怎么了，蛇蝎心肠，就是容不下她的婆婆。我这个男同事是公司里的高管，挣得多，也很疼爱他媳妇。现在看到老娘被媳妇挤兑得没法过了，非要老娘不要媳妇。现在啊，虽然她媳妇后悔了，毕竟一个人女人都生了俩孩子了，不能为了挤兑婆婆就把自己的家拆了吧。但是我同事却铁了心要离婚，他说如果他媳妇对他妈不好，也就说明不是真的爱他，就该离婚。”嫂子显然有些尴尬地笑了笑，说：“这个女人真想不开，要是离婚可不就傻了。”丽丽说：“是啊，她都生俩孩子了，还上哪儿去找好男人啊！我这个同事就不一样了，三十多岁，工作好，职位高，挣得也多。就算有俩孩子，也照样找大姑娘呢！这女人啊，对婆婆不好就太傻了，归根结底那儿子是人家十月怀胎生出来的呀！”嫂子借口要去厕所，躲开了。丽丽暗暗窃喜：看你还敢不敢对我妈这么厉害，除非你想离婚。

果然，在丽丽这番话之后，嫂子的确有所收敛。虽然她依然不喜欢婆婆，也不给婆婆任何钱与粮食生活，但是她再也不敢明目张胆地骂婆婆了。丽丽对母亲说：“妈，咱们不吃她的也不喝她的，我养着你。她只要不与你闹，你就别和她一般见识，毕竟不能真的让哥哥离婚啊！”

在这个事例中，丽丽显然运用了敲山震虎的方法，以相似的事例隐晦地提醒嫂子：是挤兑婆婆重要还是自己的家更重要？要是因为挤兑婆婆就把家拆散了，岂不是傻眼了吗！就这样，丽丽无怨无悔地负担起妈妈所有的开销，与改变之后的嫂子相安无事。

人生，总是有很多的不如意，尤其是婆媳关系，自古以来、古今中外，几乎概莫能外。对于诸如姑嫂、婆媳，或者是职场上与同事、上下级之间的关系，都非常微妙。我们如果不好仗义执言，就不如以举例子的方法，敲山震虎，让他们有所收敛。

将困难摆出来，让对方“收回成命”

生活中，有很多人不会拒绝他人。他们总是对别人的请求毫无免疫力，情不自禁地答应，即使心里很为难，嘴上却也说不出来。也许有很多人都夸赞他们乐于助人，但只有他们自己知道，这份不分情况的乐于助人，给他们带来了多少苦头。每个人都应该学会拒绝他人，因为我们不是万能的神，我们自己的生活和工作也同样面临很多困境。而每次对他人的帮助，都只能建立在我们心有余力的情况下，否则就会给我们自身也招来很多麻烦。如果最终帮人不成反被怨，岂不是得不偿失吗？

有些人总是担心拒绝他人的求助会导致他人对自己心怀怨恨，甚至影响自己与他人的关系。其实，拒绝并非总是得罪人，只要掌握了拒绝的语言技巧，你就能够让他人心平气和地接受你的拒绝，而且丝毫不会觉得丢脸。从另一个角度来说，也并非是每个请求都是合情入理的。偏偏有些人，他们总是对人提出过分的、不合理的请求，又让他人迫于面子不得不接受。对于这样的人，我们更加不能心软，而应该更加义正言辞地拒绝。总之，每个人在生活中都难免需要拒绝他人，因此，我们应该从现在开始就关注拒绝的语言技巧，督促自己尽快学习掌握拒绝的语言技巧。

社会发展到今天，钱已经变成人与人之间最敏感的话题。现代社会的物质极大发展，每个人都在忙着改善自己的生活条件，因而很多人都争先恐后地买大房子，买好车。丽娜夫妇就是这样的先锋典范。

早在前几年，他们在大家都还没有买车的意识时，就买了十几万的私家车。如今，他们看到同事买了新房，也要换房。对于总是喜欢超前消费的他们而言，手里其实并没有多少积蓄，从动了换房的念头开始，丽娜与老公王琦就开始四处找亲戚朋友们借钱。这一天，他们一起带着礼物来到表哥家里。此时，表哥早就听说他们俩四处借钱准备换房的事情了，对他们的来意心知肚明。赶在丽娜夫妇开口之前，表哥就开始大吐苦水："哎呀，我现在可真羡慕你们啊！孩子小，还不怎么需要花钱，哪里像我呢。我儿子上大学四年，花了十几万，把家里都花空了。我算是发现了，现在的孩子们都是白眼狼，根本不知道父母的辛苦。这不，他刚刚毕业一年，自己连一毛钱都没积攒，昨天居然就打电话来和我说要买房，还张嘴就要二三十万。你们也知道，我和你表嫂都是普通的工薪族，在供他读完大学之后，哪里还有积蓄呢。我就算去借，也借不来二三十万啊。我只能告诉他自己想办法，他还不乐意呢。买房就是自己的事情啊，我作为父亲，供他读完大学也就完成任务了，怎么可能再给他买房呢，气就气吧，我也不管他了。"听了表哥的一通诉苦，丽娜夫妇一句话也说不出来，只好在闲聊一会儿之后，从表哥家告辞了。

在这个事例中，表哥提前就知道了来意，赶在丽娜夫妻开口借钱之前，就先列举了自己家中的诸多困难，最终让丽娜夫妻根本不好意思再开口。这种方法能够很好地避免尴尬，尤其是像表哥这样赶在他人开口前就列举困难，则更加避开了故意不帮忙的嫌疑。当然了，人人都知道家家都有本难念的经。即使对方已经开口提出了不情之请，只要你真诚地根据现实生活的情况列举困难，对方也会迎难而退的。

总而言之，拒绝的方式有很多，这种列举困难拒绝他人的方式是非常委婉且真诚的，让对方即便被拒绝了，也不能产生任何抱怨。因此，当你需要拒绝他人时，不妨经常使用。需要注意的是，列举的困难一定要切合实际，这样对方才不会怀疑你的用意。换言之，如果对方真的是不情之请，即便知道你是以困难为借口，也无可厚非。

委婉暗示，醉翁之意不在酒

欧阳修在《醉翁亭记》中说：醉翁之意不在酒，在乎山水之间也。现代社会，还有几个人能有古人的闲情雅致，有时间也有钱去游山玩水呢？大多数迫于工作和生活的压力，总是忙不休地工作，挣钱，养家糊口，而且也因为日益微妙的人际关系导致的巨大压力，还要去应付。在很多现代人的心中，人际关系是最难处理的关系。因此我们要想生活得轻松，必须学会处理人际关系。尤其是当遇到难以处理的难题时，如果不好意思直截了当地说出来，也可以运用暗示的方法，意在言外地表达。如此一来，只要对方足够了解你，或者是很聪明机灵，也就能够知道你的心意。

其实，诸如暗示之类的话，在我们的生活中是很常见的。例如有些人在表达不满的时候，恰恰会烦着我；还有些人在拒绝他人时，也会使用暗示的方法。曾经有位伟人说，不管是白猫还是黑猫，只要能抓住老鼠就是好猫。我们也要说，不管使用哪种表达方法，只要能达到目的就是好方法，因而虽然有些人觉得暗示的方法不够直截了当，我们也依然会经常使用暗示的方法，这样才能更好地表达内心。

曾经，有位女播音员声音甜美，受到很多听众的喜爱。有些男性听众，甚至写信去电视台，公开表达对女播音员的喜爱，在信中问道："听到你的声音如同天籁，我能否有机会一睹您的真容呢？要是您能赏光一见，那我就太荣幸了，这也是您对听众的关爱吧。"当时，这封信被女播音员读了出来，而后公开作出回答："亲爱的朋友，感谢您的喜爱，也感谢您对我的认可。常言道，知人知面不知心，由此可见，朋友之间贵在相知，而不在于是否见过面。就让我在您的心中保持一份神秘，继续与您成为灵魂的挚友吧！"

女播音员的这几句话，虽然没有直接拒绝男性听众见面的要求，但是却委婉隐晦地表达了拒绝见面的意思。这样委婉的方式，既不至于激怒男性听众，又达到了女播音员拒绝的目的，可谓一举两得。现代社会，作为公众人物一定要更加注意自己的言行，因而女播音员只能以这种方式暗示听众。

生活中，在很多情况下都可以使用暗示的方法。例如，当你向领导主动请缨要求承担重要工作时，领导也许会说："小李，我觉得你肩上的担子已经很重了，你只要把手里现有的工作做好，就算是帮了我的大忙。"这句话，不但从表面看来感谢了小李为领导分担工作，而且也暗示小李拒绝的含义，从而为小李保全颜面，不至于严重打击小李的积极性。任何人都会暗示他人，也会经常被他人暗示。在生活和工作中，我们一定要把脑筋放得灵活一些，这样才能及时了解他人暗示的含义，也可以在自己不知道如何直接表达的时候委婉暗示。

曲径通幽，用暗示打消他人的疑虑

在日常交际中，由于我们的一些话语或者行为，有可能会使对方心中充满疑虑，如果不及时打消对方的疑虑，交流就无法继续进行下去。当然，我们可以通过言语暗示把自己的想法传递给对方，使对方能够打消心中的疑虑。一般而言，每个人对于自己心中的想法都有保密的冲动，他们不希望自己的心思被别人看穿。鉴于对方这样一种心理，即便我们猜中了对方正在焦虑的事情，也不能直接说出来，而是巧用话语暗示，正所谓"曲径能通幽"。

李娜因公出差，在火车上与一位男士坐在了一起。火车开了没多久，男士就主动打招呼，李娜觉得自己一个人挺闷，于是就和他攀谈了起来。两人就一些话题聊了起来，可是，聊着聊着，那位男士竟然将话题一转，冒然发问："你结婚了吗？"李娜顿时心生厌恶，迟迟不回答，男士见李娜突然变得不高兴，显得有点不知所措。为了打消男士心中的疑虑，李娜解释说："先生，我听人说过这样的话，'对男人不能问收入'，所以刚才我并没有问你的收入；'对女人不能问婚否'，所以你这个问题我不能回答了。请你谅解。"那位男士听李娜这样一说，尴尬地笑了笑，就不再说话了。

面对男士的唐突问题，如果李娜保持沉默，就会显得不太礼貌。为了打消对方心中的疑虑，也为了给对方一个台阶下，李娜巧妙用语言暗示出自己拒绝回答问题的真实原因，同时，这也使男士意识到自己言语的失礼之处。

在日常交际中，我们该如何巧妙运用话语暗示来达到自己的目的呢?

1.巧妙引用第三方的话

销售员在向顾客推销的过程中，当他说自己的产品是如何如何好的时候，对方通常都会怀疑他所说的话以及其产品质量。这时候，不妨换一种方式来说这件事情，就可以大大消除顾客的疑虑。巧妙引用第三方的话，向对方说出产品的评价，这就是打消顾客疑虑的好方法。比如，你可以这样说“我的邻居已经用了三四年了，仍然好好的”。言语中暗示出产品质量绝对能过关，虽然邻居并不在旁边，但这已经有效地打消了对方心中的疑虑。

2.暗示对方的疑虑是没有必要的

针对客户李先生的“保险是骗人的勾当”这样的观点，王小姐解释了物价改革的必要性以及影响当前物价的各种因素，还进一步分析了保险带来的利益：“即使物价会有所上涨，有保险总比没有保险好。而且我们公司早已考虑了这些因素，顾客的保险金是有利息的。当然！我这么年轻在您面前讲这些，实在有点班门弄斧，还望您多多指教……”通过语言暗示对方的疑虑是没有必要的，影响他人的心理变化，达到说服他人的目的。

3.通过比较来暗示

销售员在推销产品的过程中，可以把退款保障期定为竞争对手的两倍，立即突显出自己的“竞争力”。比如，“产品在销售之后28天内，若发现质量问题，我们承诺百分之百全额退款，而一般的产品退款保障期只有14天……”通过比较暗示出自己产品的优势特点，来打消对方心中的疑虑。

善于用含蓄的语言来表达自己的需求

在日常交际中，对于一些难以启齿的需求，我们无法直接开口说出来需要借助含蓄的语言才能达到表达的目的。很多时候，我们不得不向他人提出自己的所需所求，有可能是对方没有意识到的尴尬问题，也有可能是求人办事，这时候含蓄的表达效果远远高于直截了当。含蓄表达是从侧面切入，暗中点明自己要表达的意思，换句话说，就是把话说在明处，把含义却藏在话的暗处。在正常交际中，我们要善于用含蓄的语言来表达自己的需求，传递出话语的“弦外之音”。

纪伯伦曾经说：“如果你想了解一个人，不是去听他说出的话，而是去听他没有说出的话。”一般情况下，我们都不会轻易地把自己真实的意见或者想法直接说出来，但这些感情或意见却总会在我们的语言表达里表现得清清楚楚。所以，在沟通的过程中，我们不仅需要听得出别人的“弦外之音”，而且还要善于去传递自己的“言外之意”。

毫无疑问，在交际中我们是需要“言外之意”的，因为在很多时候，说话不能太直白、太明了。比如，给上司提意见的时候，不能表现得比上司还强；批评对方的不足之处，不能伤害他人的自尊。那么，如何含蓄地表达能让对方领会隐藏在话语中的真实需求呢？

1.通过说话方式传达自己的需求

在日常交际中，我们通常都会把自己的真实情感隐藏起来，但事实上在我们的言谈中却时刻流露出“蛛丝马迹”。这时，说话方式便是一个透露给对方内心所想的“窗口”，我们的说话方式不一样，所反映出的真实需求也不同。注意自己的说话方式，便能够把自己的真实需求传递给对方。比如，对他人表示心怀不满或者有敌意时，我们的说话速度就变得迟缓，而且显得比较木讷。

2.说话的表情

有的人对自己的喜怒哀乐从不掩饰，有的人习惯于不懂声色地掩饰自己的情绪。所以，我们在与别人交谈的时候，要学会用表情来传递自己的真实需求，比如面对同事的诉说，你表示“我当然也很关心”，但脸上却分明显得很漠然，传递着“谁有空来管这件事啊”，这样对方也会领会到你不耐烦的情绪。

3.巧妙穿插“暗语”

我们的表诉方式与表述习惯会传递出某些信息，这样你可以在言语中穿插一些暗语，“我会试着把这件事安排进工作进度中”，你所传递给对方的信息就是“我早就安排好了，你怎么不早一点告诉我呢”。

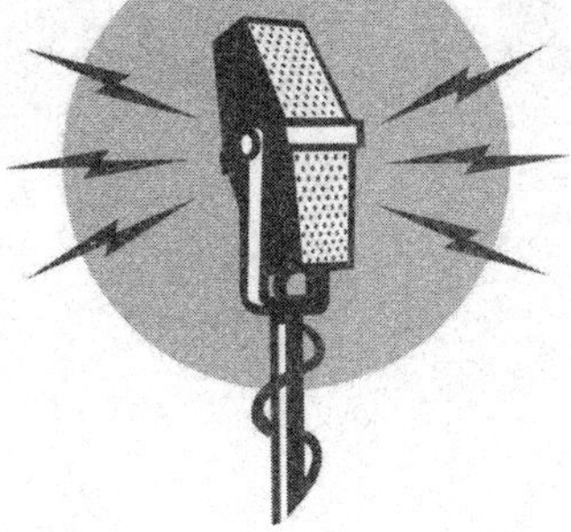

第10章

饭不可以乱吃，话不能随便乱说

现实生活中，我们常说做人要有分寸感，这就是度的把握，其实语言何尝不是如此呢？在说话的过程中，我们若希望自己的语言有影响力，很大程度上取决于你对说话的“度”的把握，中国有句古话叫作“说者无心，听者有意”，大概就是这一含义，你明明只是无心地说了一句话，却“有意”地伤害到了别人。轻则引起对方的反感，重则给自己引来灾祸。可见，说话要注意分寸；说话得体，才会让对方从心底产生继续与你交往的意愿。

委婉表达，谁也不喜欢被否定

在生活中，很多人都喜欢充当裁判官的角色，对于他人的事情总是指手画脚，似乎任何事情只有他们的选择才是英明正确的。人们并不欢迎这样的人，即便他们是出于好心而多管闲事，但是人们依然对他们避之不及，这是因为每个人都有自尊心，也希望通过很多事情树立自信心。如果一味地被他人否定，那么无论是自尊心还是自信心都不能得到满足，久而久之必然会产生挫败感，让自己丧失信心。因而，聪明人从来不会直接否定他人，更不会直截了当地告诉他人："你错了。"相反，真正充满智慧的人，总是能够委婉的表达自己的意思，并且还能用赞美的方法，激励他人，从而曲折地达到他想要改变他人、提升他人的目的。

细心的人会发现，很多事情都是需要润滑剂的，尤其是人际关系。举个最简单的例子，男士在为自己刮胡须时，为了避免被锋利的刀刃伤到，会首先给胡须涂满肥皂水。这样一来，在刮胡子的时候就不会感到疼痛了。再举个例子，现代社会的教育界为什么提倡表扬和鼓励孩子呢？也是为了让孩子在积极愉悦的状态中主动自发的进步，而不是被打压和批判。不但孩子需要赞扬和鼓励，成人同样如此。由此可见，多多鼓励和赞扬身边的人，是多么重要啊！

为了举办一次大规模的短期培训，卡耐基租下了位于纽约的一家饭店的宴会厅，约定租期是一个月。原本，他已经与饭店经理协商好了相关事宜，他印好了一切的门票、邀请函，而且也将其全部寄出了。不想，饭店经理突然发通知给他：租金涨到此前协商好的四倍多。得到这个消息，卡耐基未免觉得有些被动，因为整个短期培训都已经筹划到位，而且很多项目都已经实施了。为此，他找到饭店经理，说："您好，我接到了您的通知，觉得万分惊讶。当然，我知道这一切并不是您的责任，换作是我当饭店经理，为了给老板一个交代，肯定也会尽量提高收入。不过，我只是想分析一下价格突然翻几倍对饭店的影响，肯定是有利有弊的。"

说着，卡耐基拿出一张纸，在上面注明"利"：宴会厅也许能够租下来给其他人使用，价格也许会很高；宴会厅也可以不出租，而作为其他的用途；租给我，显然你们也许会因此错过更好的创收机会。接下来，卡耐基又在一张纸上注明"弊"：因为价格突然翻了几倍，我不得不另外找合适的场所，如果宴会厅不能如愿以偿地出租，连低价的租金也变成竹篮打水一场空；我的培训都是针对高端人士的，相当于免费为饭店做广告，能够让饭店不花任何钱就吸引来无数人士参观。最后，卡耐基说："经理先生，您觉得综合考虑的话，究竟是利大还是弊大呢？"在卡耐基认真、客观的分析下，饭店经理陷入沉思。次日清晨，他就派人给卡耐基送去最新通知：房租涨幅50%，而并非此前的三倍之多。

在这个事例中，面对饭店经理单方面把房租涨到四倍之多，卡耐基虽然恼火，但是还没有失去理智。因而，他并没有直接指责饭店经理见利忘义，违背双方的口头约定，而是以心平气和的方式，给饭店经理分析利弊，帮助他做出选择。毫无疑问，饭店经理也是很有经济头脑的，在听到卡耐基的分析后，他不由得怦然心动，最终决定房租只涨价50%，依然租给卡耐基。

每个人都会犯错误，这一点是任何人都无法避免的。在遇到他人犯错时，最好的方法并不是直截了当地否定对方，或者是义正言辞地指责对方。要想圆满解决问题，我们必须找到最合适的办法，才能事半功倍。聪明的人总是会用高明的方法“点拨”犯错的人，帮助他们主动自发地认识和反省错误，及时改正。

不要随意贬低别人的穿着打扮

对于服装，每个人都有自己审美的眼光，因而走在大街上形形色色的人中，除非是特别流行或者特别普通的衣服才会撞衫，否则，每个人看起来都拥有自己的特色。当然，因为成长背景、教育经历以及个人眼光的不同，每个人的喜好都是不同的。尤其是对于服装这种极具个性的物品，更加具有个人的独特性和与众不同的色彩。在每年的戛纳电影节上，那些有幸参加的女明星，最害怕的事情就是撞衫，所以她们总是提前很久就开始准备独特的礼服，以便帮助自己与其他女性区别开来。也因此，每年的戛纳电影节就像是一场高水准的服装盛会，一旦结束，就有时尚界的人士开始品头论足。很多女星穿的衣服不合体，被揶揄讽刺，然而作为公众人物，她们只能默默忍受，因为她们注定要承受这一切。但是对于普通人呢，我们可千万不要贬低他人的服饰。普通人不同于明星，无须把一切都展示在公众面前。如果说明星的服饰引领着时尚和潮流，那么普通人的服饰则只关乎个人喜好。就像三毛，她一生之中最爱牛仔裤和长裙。这完全是她个人的事情，其他人想要欣赏的就可以欣赏，不想欣赏的则可以避开视线，却无权品头论足。

当然，哪个女人不想追求美丽呢？对于绝大多数女人而言，只要经济条件允许，她们就会想尽办法让自己变得更美丽。从这个角度来说，美丽不但出乎我们的心，也是由经济条件决定的。因此，我们更加不能贬低他人的服饰，尤其是对于一个没有经济能力购买漂亮衣服的女人而言，这是一件非常残忍的事情，也间接表现出贬低者本人的低素质和没教养。很多人都知道，不能嘲笑他人长得丑，因为人的长相是父母给的，天生注定的。当我们嘲笑他人长得丑，并不能说明他人不堪入目，只能说明我们自身缺乏教养。面对一个自己无法改变的东西，我们有什么权利指责他人呢！即使你长得英俊潇洒，也只能说明你的爹妈把你生得好，而并不代表你有什么嘲笑他人的资本。从这个角度来说，嘲笑他人的服饰，同样和嘲笑他人的长相一样，是让人鄙视的。

这天，是赵虎与龚如结婚的日子。赵虎的父母都是城里人，原本赵虎的妈妈就不赞同这门亲事，因为觉得龚如是农村人。但是她拗不过赵虎，只好答应了。在婚礼上，赵虎妈妈才第一次见到龚如妈妈。毫无疑问，作为农村人的龚如妈妈，穿着一件花布的上衣，下面是一条黑色打底裤，脚蹬一双显得旧了的皮革凉鞋。赵虎妈妈撇着嘴不以为然地说："看看吧，这就是农村打扮的土包子。"听到妈妈这句话，赵虎异常严肃地说："妈妈，今天是我和龚如结婚的日子，我希望您说话能注意一些。作为农村人，贫穷是肯定的，但是，这并不能说明她的品质有问题，也许她还非常勤劳呢！我希望您能尊重她。"赵虎妈妈依然不以为然，怎么瞧龚如妈妈也不顺眼。

这时，比较宽容的赵虎爸爸对她说："老伴啊，今天是孩子的大喜日子，你就忍一忍吧。你也要体谅亲家母，她年纪轻轻就失去丈夫，一个人把女儿和儿子抚养长大，也实在不容易呢。我们不要嘲笑他人的服饰，因为这是经济能力决定的。如果每个女人都像莫泊桑的《项链》中的女主角玛蒂尔德那样，虽然穷得叮当响，却非要爱面子讲排场，那岂不是更让人笑话吗！我觉得亲家母这样挺好，本色出场，说明人也实在。现在要是面对一个长相丑陋的人，你总不能笑话人家吧，对不对？"爸爸的一番话让妈妈恍然大悟，她开始专心参加儿子的婚礼，再也不嘲笑亲家母的服饰了。

这个世界上，总是有人丑陋有人漂亮，也总是有人有钱有人贫穷，对于他人的长相和服饰，我们都不应该贬低。归根结底，长相是天生的，服饰是由经济能力决定的，都与个人的品质无关。

人与人相处的基础是尊重，我们唯有在尊重他人的基础上，才能与他人更好地相处。我们唯有怀着一颗宽容的心，才能成为受欢迎的人。从现在开始，让我们更多地关注他人的灵魂和品质，而不要为了皮囊和作为身外之物的服饰给予他人不恰当的评价。否则，就会暴露我们的粗俗和肤浅，让人贻笑大方。

低调谦逊，永远不要自以为是

生活中，人与人除了人格上的平等，在很多方面都是存在差距的。因而，总有些人因为自己某些方面领先于人，或者有着特殊的能力，就趾高气昂，不把任何人放在眼里。在这种情况下，他们必然失去真心结交的朋友，甚至最后变成孤家寡人。

如果你经常出入于社交场合，或者有很多朋友，你就会发现谦逊的人在人群中最受欢迎。他们总是很低调。即使有突出的地方，也不会因此而骄傲。他们从来不挑衅他人，因而显得特别有亲和力。正如民间的一句俗语，一瓶子不满半瓶子晃荡。这句话的意思是说，一满瓶的水反而不容易晃荡出来，但是半瓶子的水却很容易晃得洒出来。因而，我们都应该做谦虚的一瓶水，而不要当骄傲的半瓶水。

人们常说要高调做事，低调做人。这也就意味着我们可以在做事的时候极尽完美，但是在做人时却应该低调内敛。很多事情，并非我们努力去表现就能证明的。当你安静地做好自己该做的事，换来的一定是人们发自内心的佩服和心悦诚服。现实中，一个人即使再完美，也不可能得到所有人的欣赏和喜爱。当他人对我们怀着不满，我们却自以为是、趾高气扬时，则显得对人缺乏尊重，也必然招来更大的不满。我们必须低调，必须保持谦虚的姿态，这不仅能够表现出对他人的尊重，也能表现出我们的宽容忍让，因而能够顺利消除他人心中的不满，改善我们与他人之间的关系。

大学毕业后，万勇进入现在的公司工作。他虽然缺乏工作经验，而且学历只是大专，但是他在工作中勤学好问，而且总是以求教的态度向同事们请教，深得同事们喜爱。每天在办公室里，大家听得最多的话就是万勇的“张姐，能麻烦你教我这个表格的做法吗？”“默默，我想请教你做这个方案需要注意什么，你是经验丰富的高手啊！”“马哥，我不知道哪里做错了，你可以给我指出来吗？”随着万勇的问题越来越多，他的能力也得到快速提升。当然，因为他的勤学好问和谦虚礼貌，同事们也越来越欣赏和认可他。但是，万勇的顶头上司张主任貌似并不喜欢他，而且经常排斥他。

对这一点，万勇心知肚明，但是他知道自己在公司里资历尚浅，既没有资本与上司抗衡，也没有必要因为上司的喜好影响自己的前途。因而，他始终保持谦虚的心态向上司请教。有一次，公司要举行公开竞聘，万勇所在的部门也需要从内部提拔一名副主任。轮到万勇发言时，他说："我也赞同张主任的意见，同意让马哥当副主任。在这里，我还要感谢大家一直以来对我的指点和帮助，如果没有你们的倾心传授，我也许现在还无法胜任工作呢！当然，我尤其要感谢张主任。一直以来，张主任都很宽容地对待我，我工作经验不足，工作上常常出错，张主任始终包容我。如果没有张主任的指导和教诲，我根本无法取得这么大的进步。"说完，万勇给大家深深地鞠了一躬。万勇这次的表现，给张主任留下良好的印象。从此之后，张主任开始赏识万勇，而且经常找机会提拔万勇。

对于一个低调谦逊的下属，上司总没有理由总是给其小鞋穿，更不必要阻碍他的发展。万勇以自己谦虚的态度，赢得了上司的好感，最终帮助上司打消对他的不满，甚至开始赏识和提拔他。由此可见，尤其是在职场上，我们一定要摆正自己的姿态，千万不要随意地给自己树立敌人。

谦虚是一种美德，趾高气昂的人很难招人喜欢。在秋天的田野里，饱满的果实一定低沉着头，只有空空的果实才会高昂着头。做人也是这样，越是内涵丰富、有真才实学的人，就越是能够潜心下来，把最谦逊的一面展现给他人。任何时候，我们都不能忘记谦逊的美德，它能给我们的人生带来更多的惊喜和收获。

谨言慎行，不要恶语伤人

中国有句古话叫作"说者无心，听者有意"，你明明只是无心地说了一句话，却“有意”地伤害到了别人。轻则引起对方的反感，重则给自己引来灾祸。可见，说话是要注意分寸的。尤其是与陌生人说话，因为彼此不了解，如果不谨言慎行，很容易让对方产生不快的情绪。而从另一个角度说，与人说话，尤其是与陌生人说话，是要讲究水平的。让对方觉得你是得体的人，才会让对方从心底产生继续与你交往的意愿。

如果你想在社交场合中成为一个受欢迎的人，就必须时刻提醒自己不要犯无心伤人的错误。而要做到这一点，你应该知道以下两点：

1.谈话的禁忌

我们要想在陌生人心里建立起良好的口碑，赢得好人缘，你必须知道下面几个谈话的禁忌，从而在谈话中避开这些暗礁：

①别把自己隐私拿出来大谈特谈。虽然说在与人交往时，适当的自我暴露可以拉近与对方的距离，但你的话题一直围绕着自己的隐私，就会引起对方反感，觉得你是一个没有分寸的人。

②不要询问别人的隐私。要记住，“男不问收入，女不问年龄”是交往过程中的大忌讳。如果你在和陌生人谈话时问起这些，那么，你需要动一个大手术，因为问这些问题是无知和没分寸的表现。

③别总盯着别人的健康状况。有严重疾病的人，如癌症、肝炎等，通常不希望自己成为谈话的焦点对象。不要做个大嘴巴，对初次见面的人说：“听别人说，您一直在治疗肝病，是吗？”这样你会成为对方最想痛揍的人。

④让争议性的话题消失。除非你很清楚对方立场，否则应避免谈到

具有争论性的，如宗教、政治、党派等容易引起双方抬杠或对立僵持的敏感话题。

⑤不要随便评价别人。如果你实在忍不住要谈论谣言，去找你最贴心的朋友，不要拉着一个陌生人听你絮叨他完全不感兴趣的东西。没有人愿意与一个造谣生事的人交往。

以上列出的忌讳，完全值得我们重视，哪怕只是偶尔犯这样的错误，对方也会以为我们是个没有分寸的人。那么，我们又该怎样注意与陌生人说话的分寸呢?

2.掌握说话的分寸

要让说话不失分寸，除了提高自己的文化素养和思想修养外，还必须注意以下几点:

①维护别人的自尊心。每个人都是有自尊的。那些有某些显而易见的缺陷的人，会反而更坚强。所以说话时，一定要留意对方的敏感点，比如对方身材矮小，你就最好不要在谈话中提起身高的问题。你避开这个话题，会让对方觉得你是个识大体的人，进而对你多了一份尊重。

②客观才能得人心。这里说的客观，就是尊重事实，实事求是地反映客观实际，应视场合、对象，注意表达方式。没有人喜欢与那些首次交往就主观臆测，信口开河的人交往。

③不要让自己过于兴奋。与陌生人说话，我们提倡的待人接物方式以热情温和为佳，态度保持宠辱不惊，切勿太过兴奋，以至于口不择言，伤害他人。

④注意语言的地域差异。不同地域存在不同的文化差异，在某些人看来是很平常的说话方式却很可能会影响到对方的情绪。因此，我们尽量与陌生人说话的时候，最好仔细思量，用普通话和对方交流。

⑤善意很重要。所谓善意，也就是与人为善。说话的目的，就是要让对方了解自己的思想和感情。俗话说：好话一句三冬暖，恶语伤人六月寒。在人际交往中，如果把握好这个分寸，那么你也就掌握了礼貌说话的真谛。

会说话，说好话，也是一门艺术。与陌生人说话，我们说的每一句话，都会给对方带来心理反应，反应效果如何就要靠自己把握。掌握好语言的分寸，你和对方的交往氛围将会保持和谐愉快，有助于感情的升温。

千万不要命令或者指挥他人

生活中，每个人说话都有自己与众不同的风格，大多数情况下，语言谦和的人更容易受到他人的欢迎，而那些说起话来总是颐指气使的人，人缘往往最差，而且他们的意见或者建议也很难让人接受。这是因为人们的骨子里都是崇尚自由的，更不愿意被他人指挥。从这个角度而言，如果你想让其他人接受你的观点，或者按照你说的去做，那么千万不要命令或者指挥他人，而是要采取恰到好处的方式表达你的观点，从而尽量减少他人对你的排斥和抵触。

从心理学的角度来说，相比起生硬的“命令”，人们更愿意接受和善的“建议”。细心的父母会发现，就算是年纪很小的孩子也会萌生出强烈的自我意识，不愿意被父母指挥和控制，可想而知特立独行的成人对于他人的颐指气使，会做出怎样的反应。毋庸置疑，命令往往带着强迫的意味，当命令被人以生硬的语气说出来时，则显得更加不可更改，这会伤害他人的心，使他人对我们的一切都感到抗拒。最终，命令非但不会被接受，反而会被唾弃。假如能够换一种不伤害他人自尊、也给予他人更大回旋余地的方式——建议，则他人会更加愿意接受我们的友好和善意，而且对于我们也更容易敞开心扉。因而在人际交往中我们必须记住，任何不可抗拒且蛮横无理的命令，都必然导致怨恨堆积。

作为一家小公司的老板，凯文对于自己的公司显然有些自负，从公司开业第一天起，他对于公司里的每一位下属都是颐指气使，丝毫不愿意以共同协商的态度解决问题。在凯文的强势之下，很多人都选择了离职，公司里的人员如同走马灯一般换个不停。虽然公司开业已经两年多了，但是却毫无发展，这都是因为公司里始终都是新人。

商海如同逆水行舟，不进则退，每一个在商海中打拼的人，如果不能及时取得进步，到达新的高度，日久天长必然因为巨大的压力，导致退步。渐渐地，凯文意识到公司必须谋求发展，因而特意找到咨询公司为他出谋划策。在了解凯文公司的现状之后，咨询公司的人给出了一语中的的提议——留人，为公司发展积蓄力量。然而，凯文的管理方式如果不改变，是很难留得住老员工的。为此凯文痛定思痛，决定按照咨询公司说的，既然是小公司，就要打好感情牌，要有老将追随，才能突破发展的瓶颈。

所谓江山易改，禀性难移，要想让凯文一下子就改天换地，当然是不可能的，当然凯文还是要从点点滴滴做起，时刻提醒自己要以建议的方式和下属交流，而不要对下属颐指气使。诸如这次公司要拿下一个大项目，凯文正准备和以往一样威胁大家：“都给我好好干啊，不然晚上十点也下不了班。”突然，他想起咨询公司的建议，决定改变方式：“辛苦大家了，公司的发展离不开大家的努力。我建议大家加快进度，如果结束得早，我请大家吃宵夜。”有几个老员工听到凯文的话，不免惊讶万分，甚至以为凯文换了个人呢！不过，大家全都精神抖擞，拼尽全力，一则是为了吃宵夜，二则也是为了提高工作效率，尽快完成工作好下班回家。

哪怕是公司里的首脑人物，也不要觉得自己职位高，就对下属颐指气使。毕竟现代职场竞争激烈，不管是上司还是下属，甚至包括老板之间，从人格角度而言大家都是公平的。所以一定要尊重和认可他人，才能得到他人的平等对待。

与他人说话的时候，我们一定要控制好自己的情绪，不要总是对他人居高临下，颐指气使。假如我们能够与他人更好地交流，采取平等的姿态对待他人，那么他人一定也会乐于接受我们的建议，也会认真斟酌我们的话，最终理智思考，得到好的结果。

第11章

面对质疑挑衅，心理学助你顺利表达自己

在日常生活中，人们会参加许多社会活动，在这些活动中可能会遇到各种不同的窘况，其中就会包括他人的挑衅，此时，我们很有可能会有找不到应对措施的时候，这时需要你冷静、乐观、豁达，使自己的精神处于一种自由的、活跃的状态，说出机智而又幽默的语言，帮助你解困。

面对他人挑衅，淡定应对

淡定平和，虽然说起来是非常简单的四个字，但是真正想做到这一点却很难。每个人都是性情中人，因而当遇到不平之事时，难免会觉得情绪激动，很难按捺自己。实际上，只要我们认清了生命的本质和存在的价值，也知晓了自己的人生目标，就会在很多无关紧要的问题上想得更加清楚透彻。我们之所以存在，努力地活着，就是为了实现自己人生的价值，而完全不是为了与某个人斗气，争个胜负输赢。既然如此，当遭遇他人挑衅时，我们完全没有必要大动干戈。如果他人的挑衅没有切实影响到你的生活，那么你只要安然做自己该做的事情就好。

在这个世界上，有那么多的人，每天都在发生各不相同的事情，因而，我们应该不忘初心，时刻牢记着自己的美好愿望。任何事一旦失去目标，就像失去了方向的船只在大海上航行。唯有不忘初心，我们才能向着生命的目的地航行而去。在实现人生目标的过程中，我们难免会遇到各种干扰因素，在这种情况下，只有保持平和的心境，才能坦然面对和顺利度过。

林肯，作为美国总统，在竞选总统的道路上承受了无数压力。在他历经千辛万苦终于成功当选的那一刻，很多参议员都很不服气。毕竟，他们之中的大多数人都是贵族，身份显赫，但是这个当选总统的林肯，却出身贫民，身份卑微，根本不能与他们相提并论。

当林肯站到讲台上准备发言时，一个议员非常无礼地站起来，傲慢地说："林肯先生，我先提醒你，不要忘记你的父亲是个修鞋匠。"这时，台下的参议员们全都肆无忌惮地哈哈大笑起来，他们都等着看林肯的笑话呢！不想，林肯面不改色，语气平和地说："很感谢你记得我已经去世的父亲，我会始终记住你的劝告，永远记得我的父亲是个修鞋匠。当然，我很清楚一点，和父亲是一个优秀的修鞋匠相比，我做总统一定不会像他那么出色。"林肯的话，让刚才哈哈大笑的参议员们都陷入尴尬的沉默。就在此时，林肯转身对着那位无礼的参议员说："我很确定我父亲在世时曾经帮你们家人做过鞋子。因此，假如你觉得鞋子不够合脚，虽然我还不能自称是优秀的修鞋匠，但是从小在父亲的影响下耳濡目染，帮你修理鞋子还是绰绰有余的。"说完，林肯坦然地看着在场的参议员们，说："这个福利待遇对大家一视同仁。只要你们穿在脚上的是我父亲做的鞋子，我都免费维修。但是不要奢望我的手艺能超过我父亲，因为他是世界上最伟大的鞋匠。"说到这里，林肯的眼睛里流出热泪，在场的参议员们爆发出了经久不息的热烈掌声。

对待那个议员的无理挑衅，林肯选择了坦然以对。他坦诚地说出了父亲的职业，并且表达了对父亲最崇高和真挚的敬意。对于林肯的表现，全体参议员都发自内心地佩服。因而，他们才会给予林肯经久不息的掌声。

很多人面对他人的挑衅，总是歇斯底里，不能自持。实际上，他人的挑衅并不能代表什么，更不能否定我们存在的价值。我们只有坚定不移地相信自己，充满自信地以淡然相对，才是对他人挑衅的最强有力的反击。

面对质疑，清者自清

没有人愿意被他人误解和质疑，尤其是当我们内心坦荡的时候，似乎更觉得这种误解和质疑是一种侮辱。所以，我们总是迫不及待地解释，想要以此证明自己的清白。殊不知，当你因为解释而与对方争得面红耳赤时；当你因为愤怒而对对方出言不逊时；当你因为着急而变得语无伦次时，你就先输了一筹。解释当然是必须的，但是一定要选准最佳时机。很多人遭到质疑，在事发当时就恨不得马上解释清楚，根本不给他人冷静下来思考的时间和空间，因而导致事态无法控制，甚至朝着恶性方向发展。实际上，从另一个角度来看，质疑不仅仅代表怀疑，也是一种提醒，更是一种警示。人们常说，有则改之，无则加勉，其实是对待问题的最好方式。别人就算说得不对又怎么样呢，根本不会从实质上影响我们。我们只要坚定不移地做好自己，真相总有一天会不言自明。

在这个世界上，每个人的脾气秉性都是不同的，每个人待人处事的方法也是不同的。我们没有权利要求所有人都符合我们的标准，也不可能做到这一点。因此，最重要的就是做好自己，至于别人怎么想、怎么说、怎么做，是他们自己的事情。对于他人的评价，你想听就听，不想听则可以将其当作耳旁风。

作为世界上最优秀的交响乐指挥家之一，小泽征尔是颇具实力的。在音乐的道路上，他非常自信，甚至相信自己超过了那些业界的权威人士。

早在没出名之前，小征泽尔就参加了世界级的比赛。在指挥乐队演奏的过程中，他敏感地听到一个刺耳的音符。起初，他以为是乐队演奏的问题，因而指挥乐队重新演奏了一遍。然而，问题依然存在，那个刺耳的音符就那么跳脱的闯进小征泽尔的耳朵里。这一次，他确凿无疑地说："乐谱有错误。"毫无疑问，小征泽尔的发现遭到了在场的评委和权威人士的质疑，他们纷纷说道："这是一场世界级的比赛，乐谱怎么可能会出现错误呢！"小征泽尔面红耳赤，依然坚定不移地说："就是乐谱错了。"他的话音刚落，在场的评委和权威人士全都从座位上起身，给予他经久不息的掌声。原来，这个乐谱中的错误，就是本次大赛隐蔽的考题。在这个评委们专门设计的"圈套"面前，很多信心不足的参赛者都放弃了主见，选择屈服，只有小征泽尔，顶着巨大的压力，坚持自己的看法。毫无疑问，小征泽尔成功了。

有人说小征泽尔非常幸运，因为他坚持己见，不因评委和权威人士的压力而退缩，更没有屈服。他才能轻而易举地获得成功。我们说，小征泽尔的成功是必然，绝非偶然。要知道，只有极度的自信，才能让他在世界顶级的评委团和权威专家组成的团队面前，坚定不移地相信自己，毫不退缩。正是小征泽尔的坚持，帮助他找到了正确的答案，也获得了极大的成功。否则，他也许终其一生都会碌碌无为，默默无闻，也就不可能有辉煌的成就了。

生活中，我们经常会因为各种各样的原因遭到质疑，每当这种情况下，我们一定要抓住恰到好处的机会进行解释。这个机会或者就在当下，或者是需要等待一段时间，总而言之，心急是没有任何用处的，必须找准时机做出解释，才能起到预期的效果。还有的时候，我们只需要坚持，事实终将会证明我们是正确的。由此可见，面对他人质疑，我们应该根据实际情况，因时制宜、因地制宜、因人制宜。

逆向思维，推陈出新巧解难题

通常情况下，大多数人都习惯性地使用正向思维思考问题，因而在遇到难题时思维未免因循守旧，很难做到推陈出新，充满创意。在《孙子兵法》一书中，世人学会了一个战术，即“出其不意，攻其不备”。尤其是在敌我力量相当的情况下，只有运用这个战术，才有较大的机会获胜。实际上，不仅仅战场上要出其不意，攻其不备，即使在日常生活中，我们也要改变传统的思维方式，更好地运用逆向思维，从与众不同的角度解决问题，效果也许出乎意料。

所谓逆向思维，实际上就是突破常规。举个最简单的例子，通常情况下，人们都习惯于从因推果，也就是从事情的起因着手，推测事情的结果，如此一步步往前推进。但是大侦探福尔摩斯则不同，当案情扑朔迷离，出乎他的意料时，他就会改变思维模式，采取逆向思维，从结果开始分析，从而追溯到最初的因由。如此一来，很多堵塞的思路就会马上茅塞顿开，让人感到豁然开朗。在日常生活中，每个人对于经常发生的事情都有一个推测。然而当我们以常规的思维方法来提出问题时，对方就会根据预先的设想给出合理的解答，封闭我们的去路。倘若我们能够采取逆向思维，提出一个对方根本无从推测并且做出回答的问题，则对方一定觉得万分惊讶，惊慌之余也想不到好的解决办法。由此一来，我们在这一局中就能果断胜出，为自己争取到优势，从而也为成功争取到更大的可能性。

在刚刚到魏国时，孙膑并没有很大的名气，也不能使人信服。有一次，魏王为了试探孙膑是否有真本领，故意当着满朝文武百官的面，测试孙膑的智谋。魏王端坐在宝座上，挑衅地对孙膑说："如果你有办法让我从宝座上下来，我就承认你的确是有才华的。"听到魏王提出的难题，大臣们全都束手无策。庞涓为了帮助孙膑，提议说："如果在座位下生起一团火，大王一定会马上离开宝座。"魏王马上表示否定，说："这是个馊主意。"孙膑装作愁眉苦脸的样子，想了很久，才为难地说："大王，我真的没有办法让您从宝座上下来。但是，如果大王您此刻没有坐在宝座上，我是肯定有办法让您坐上去的。"听了孙膑的话，魏王不服气地说："哦，只怕没那么简单吧！"说着，魏王就洋洋自得地从宝座上走下来，说："我真不相信你能让我坐上去。"这时，群臣纷纷嘲笑孙膑："真是不自量力的家伙，还没解决这个难题呢，就又给自己出了又一个难题！"说着，他们全都不屑一顾地看着孙膑，等着看他如何让大王坐到宝座上去。这时，孙膑突然大笑起来，说："当然，我承认我的确能力有限，无法让大王坐到宝座上。不过，我已经解决了大王的难题，你们看，大王现在不是已经从宝座上下来了吗？”这时，包括魏王在内的所有人都恍然大悟，意识到魏王已经不知不觉中按照孙膑的意思走下了宝座。也因此，魏王意识到孙膑的确是有才华的，所以处处重用孙膑。

作为中国古代著名的军事家，孙膑因为《孙子兵法》名流千古。看过《孙子兵法》的人都知道，这本军事宝典里处处隐藏着变通之道。由此可以看出，灵活的思维模式才是其精华所在。对于如何让魏王从座位上下来的难题，孙膑并没有局限于常规的思路，一味地去想如何哄骗魏王下来。而是反其道而行，大言不惭地告诉魏王他有办法让其坐到宝座上。由此一来，魏王为了让孙膑出丑，一定会毫不犹豫地从宝座上下来，也就恰恰解决了孙膑的第一个难题。

实际上，不管是做人还是做事，在瞬息万变的现代社会，每个人都应该学会运用逆向思维。唯有如此，我们才能突破传统思维的局限，让自己拥有更广阔的空间去开发，解决问题。

三言两语，对取笑者进行有力反击

在生活中，我们会遇到一些自高自大者的讥笑和嘲讽，为了捍卫我们自己的尊严，我们就要采取一定的应对措施对其进行反驳，让取笑者折服，不敢再小瞧自己。正确的方法不仅能够化解自己的尴尬，还会让一心想看我们笑话的人处于窘迫的境地中而自食其果，自取其辱。

有一个农民大爷骑着毛驴进城赶集。路边的西瓜摊上有一个年轻人正在吃西瓜，那位年轻人见了他大声地招呼说："喂，天气这么热，你干脆停下来休息一会儿，过来吃块西瓜吧，我请客！"大爷不认识这个年轻人，听他这么一说，就客气地回答说："谢谢你的好意了，我还要忙着赶路呢，西瓜就不吃了。"谁知那个年轻人却斜着眼，怪腔怪调地说："哎哟喂，老爷子，我是在问驴呢，你搭的哪门子腔？"大爷一听，非常气愤。他跳下驴，照准驴脸左右开工，"啪啪"地打了几巴掌，边打边骂："你这头爱撒谎的驴，出门的时候我问你城里有男朋友吗，你说没有。你没有男朋友，人家为什么会请你吃西瓜？"那个年轻人听了，面子挂不住，只好灰溜溜地逃跑了。

那个小伙子本来是想用驴来取笑一下大爷，没想到自己却成了驴的"男朋友"，最终落了个自取其辱。

面对别人的捉弄和取笑，我们既不能默不做声，又不能因为愤怒而丧失了理智，应该选择正确得当的方法进行有力的反击。下面就是行之有效的几条参考方法：

1.反唇相讥

反唇相讥绝不是简单的以牙还牙，而是在别人说出侮辱性的话语时，抓住对方的一句话或者是一个词语、一个比喻的漏洞，运用对方错误的语言逻辑，将一些侮辱和讽刺性的话来反赠与他，让他推辞不得而又哑口无言，搬起石头砸自己的脚。

2.扬长避短

由于别人的取笑都有一种先发制人的优势，被取笑者在一开始的时候就会处于不利的地位，在这个时候，就要充分地发挥自己的长处，去攻击对方的短处，那么就会很快地将劣势转化为优势，将被动转化为主动，也会让取笑你的人很快地处于下风。

1984年，73岁的里根参加美国总统竞选。他的竞选对手嘲笑他老态龙钟，绝不会有大的作为。而里根却幽默地应对说："我之所以对总统大选充满信心，就是因为我的对手太年轻而没有经验。"

里根的这一巧妙反驳，将年龄大和经验多联系在了一起，从而消除了年龄大给他带来的不利局面，也就让对方的嘲讽失去了立足之地。

3.先冒犯，再狡辩

有时候，我们会面对一些地位较高的人的捉弄与嘲笑，在两者身份地位不相称的时候，不妨先硬碰硬一次，之后再进行一番花言巧语的辩解，做到既能维护个人的尊严，又让对方觉察出自己的错误，从而改变对你的态度。一般情况下，狡辩是比较令人反感的，这种形式也多是在不得已而为之的情况下才会采用。

颜触拜见齐宣王的时候，齐宣王为了打掉他的威风，就坐在大殿上，用倨傲嘲笑的姿态如唤宠物般的口气说："触，走过来！"

齐宣王的这种态度是十分无礼的，颜触感到十分尴尬，为了捍卫自己的尊严，他就学着宣王的口气说："王，走过来！"

齐宣王听了，怒不可遏，对颜触呵斥道："寡人是君，你是臣，你有资格叫我走过去吗？”

颜触辩道：“因为我果真走过去，那是仰慕王的势利，而我叫王走过来，是让王表示他趋奉贤士。如果叫我做仰慕势利的事，还不如让王做趋奉贤人的君主好啊！”齐宣王听后觉得有道理，也感觉到了自己的错误，就亲自走下殿来，邀请颜触进去。

当我们面对别人的嘲笑时，如果怒气冲天，不仅不利于事情的解决，反而还有可能落入别人预先设定的圈套中，也会危害到自己的形象。如果选择一味地躲避和忍让，就会让对方觉得你是个软弱可欺的人，从而变本加厉地去嘲笑捉弄你。这个时候，你就要运用正确的语言艺术来应对，让对方自食苦果，自取其辱。

迅速灵巧变通，为自己开脱

在遇到尴尬场面的时候，并不是每一次都能够有人出来为你打圆场，替你开脱。要想让自己摆脱窘迫的场面，应该依靠你的聪明才智来为自己开脱。

生活千变万化，什么样子的怪问题都可能遇到，而对付这些怪问题的方法，就是作出迅速灵巧的变通，千万不可以被对方的问题困死而陷于被动。当你被人刁难的时候，你可以给人似是而非，雾里看花的感觉，可以用“大约、最近、前后、方便的话”等词汇来解决这些问题，为自己开脱。

在千变万化的生活中，我们会经常遇到让自己感到为难的问题，如果不去回答的话，显得自己没有礼貌，选择面对的话又有可能会给自己带来一些伤害，那么，就要学会巧妙地为自己开脱。

一般来说，为自己开脱的方式不外乎以下几点：

1.模糊回答

有些问题让你感到不好意思说出口的时候，你可以用模糊的语言来进行回答，这样不失礼数，又能很好地维护自己的面子。比如有一个目不识丁的人，有人问他："你是否读过《十日谈》？"他就回答："最近不曾"。其实这只不过是一种遁词罢了，实际上他根本就不曾知道有这么一本书。还有一次，别人问他是否看过《莎士比亚全集》，他就回答说："英文没读过。"这样就会给人一种误解，他比较了解莎士比亚的作品，能够读懂英文，但是时间太忙，只是看了别人的翻译，等以后抽时间再去读原汁原味的莎士比亚。此言一出，不禁让人对他肃然起敬。

2.暗示性语言回答

有时候别人向你问话的时候，你感觉如果直言相告可能会让他难以接受，如果不回答的话又说不过去，那么你就不妨讲一些暗示性的话语，做到既能让对方了解事情的真相，又能巧妙地让你得到开脱。

3.故意装糊涂

在和别人交谈的时候，如果老老实实地回答别人的问题，很可能就会陷入对方设置的陷阱之中，让你无法下台。在这种情况下，你不妨装作没有听懂，用糊涂的回答来应对别有用心的提问。

第12章

职场立足无阻力，高超表达力助你玩转职场

现代社会，大多数人都要进入职场，参与职场交际，能否在激烈的人才角逐中脱颖而出，除了本身的工作能力外，能不能准确措辞、侃侃而谈，也是关键因素，不少职场人士视上下级沟通为畏途，这只能使其前途越来越窄。学会用嘴巴建立一张牢固的关系网，一切将不再是难题。好口才让你在职场中如鱼得水、频频晋升。

面试小技巧，给面试官留下好印象

现代社会的职场，竞争日益激烈和残酷。尤其是对于刚刚毕业的大学生而言，因为缺乏社会经验，因而面临着更加严酷的考验。在这种情况下，如果你既不是富二代也不是官二代，那么你必须一切都靠自己去努力。面对关系到职业命运的面试，很多刚毕业的大学生都如临大敌，生怕一言不合就惹恼了面试官，也害得自己与好工作失之交臂。根据调查显示，在这个拼颜值的时代，大学生用于毕业面试的花费都越来越高。不但要做出精美的简历，而且还要为自己准备一身好行头，女生甚至还要做个好发型，想尽一切办法给面试官留下好印象。实际上，尽管面试官会因为表面的装扮而对你刮目相看，但是其更在乎的是你的言谈举止，因为言谈举止更能够表现你深层次的内在。为此，我们一定不能百密一疏，在做好各个方面共组的同时，一定要注意提升自己的语言技巧，帮助自己更加完美地阐述自我。

经验丰富的职场人士知道面试是有小技巧的，因而他们总是能够凭借能力、学识和面试的技巧，更好地表现，展示自己最精彩的一面。为了帮助很多缺乏经验的初出茅庐者，在此整理出一些面试的技巧仅供参考。然而，一切技巧都只能起到辅助作用，而且因为每个人的实际情况不同，只有根据自身情况和特点总结出的技巧，才是效果最好的。在生活和工作中，我们一定要处处留心，从而更迅速地提升自己。通常情况下，每个人在面试时都会说些自己的学历、特长、兴趣爱好等事宜。然而，殊不知面试官千篇一律地听下来，早就听腻了。如果能够改变思路，说说自己的社团和社会活动经验，以及在兼职过程中的积累，还可以说说自己学有所长、术业专攻的方面，更能够吸引面试官的注意力。此外，很多人面试时总是被动地回答面试官的问题，而不敢提出对于公司的疑问。其实，面试官从公司长远发展的角度，最喜欢那些希望为自己找到合适工作和岗位的求职者，这样公司的人员也会更稳定。因而，适当地问一些问题了解公司是无可厚非的。当面试官结束对你的提问时，如果你能抓住机会问面试官一些关于公司的问题，相信只要面试官对你印象良好，一定会乐于回答的。

正在读大四的乐迪，一直在忙着找工作。有一次，他无意间得知一家世界五百强企业招聘，虽然自知不是名牌大学毕业，而且缺乏工作经验，但是他依然抱着试试看的心态投递了简历。当天，面试的人密密麻麻地挤满了公司的礼堂，第一步笔试，就筛选掉了很多人。不过，乐迪幸运地通过了笔试，这与他平日里用功学习，且在参加面试前收集了公司的很多资料，了解了企业文化，不无关系。次日，乐迪如约参加面试。

进入面试间，他落落大方。与他此前在等候室看到的那些面试者截然不同。那些面试者全都抱着必胜的信念，因此反而非常紧张。与他们相反，乐迪觉得自己的条件一定不是面试者中最好的，因而非常坦然。他想：如果能得到机会，那就最好；得不到机会，就当是锻炼了。因而，乐迪很平静，很淡然。面对面试官的提问，他回答得非常流畅。在面试即将结束时，乐迪问面试官："我想请问，对于技术员的职位，公司有什么晋升渠道呢？会提供一些学习和提高的机会吗？"面试官听到这个问题，饶有兴致地看着乐迪，说："当然有。公司每年都有带薪培训，因为行业的知识更新速度非常快。此外，对于优秀的技术员，还会被公司派出国去学习和交流。"乐迪松了一口气，说："我并不是很在乎薪酬，毕竟现在一人吃饱，全家不饿。如果能有学习和提升的机会，那就最好了。对于我们缺乏经验的年轻人而言，最重要的就是开阔眼界，积累经验，再多多学习。"面试官赏识地说："你能这么想，说明你很明智，看得也很长远。"

结束面试，乐迪回到学校等通知。原本他以为自己希望渺茫，没想到三天之后他居然接到了通知：他被录用了！乐迪简直乐不可支，但是很纳闷自己在那么多名牌大学毕业生中是如何脱颖而出的呢？后来，乐迪与当初的面试官成为了同事，才知道当时参加面试，只有包含他在内的几个人问到了关于公司的事情，其他人全都一板一眼地回答面试官的问题，根本不关心自己以后在公司的前途和命运。

乐迪之所以能从诸多面试者中脱颖而出，就是因为他非常明智，落落大方地提问了关于公司的相关事宜，以及自己进入公司之后的晋升通道和提升机会。对此，面试官感觉到乐迪不像很多应届大学毕业生一样是在盲目地找工作，只求在最短时间内拿到薪水养活自己，而是在着眼长远规划和发展进行考虑，从而打动了面试官的心。

在聘用应届大学毕业生时，用人单位其实也是面临着很大的挑战的。归根结底，大学生缺乏工作经验，而且有时候思想不够成熟，想法经常变化，因而常常工作没多久，就会考虑换工作。如此一来，公司就相当于对大学生进行了免费培训，但是却得不到任何回报。正因为如此，很多公司都不愿意聘用刚毕业的大学生。为此，我们在参加面试时，一定要表现出对公司前途和发展的关心，唯有如此，才能为公司树立信心，让公司意识到你是真心诚意地谋求长期发展，而且是对未来有着明确规划的。

把握好度，把赞美说得恰到好处

前文我们已经说过，我们不能吝啬赞美，而要慷慨地给予他人赞美。即使父母对待年幼的孩子，也应该以赞美为主，以批评为辅，更何况是成人之间呢？然而，职场上的人际关系越来越微妙，很多情况下，我们可以赞美下属，但是赞美上司时却要非常谨慎。众所周知，面对面的赞美未免涉嫌迎合，尤其是当下属赞美上司时，则更容易涉嫌“拍马屁”。在这种情况下，作为下属，必须恰到好处地对领导赞美，而千万不能言过其实。任何事情都讲究度，下属赞美领导更要讲究度。因为下属与领导在职场中的关系微妙，因而稍有过度，就会导致赞美变成“拍马屁”。

那么，我们要因噎废食，每次与领导说话都可以贬低领导吗？当然不。这样的做法无疑很愚蠢，而且和自寻死路没什么区别。要想与领导搞好关系，就要把握好度，不管是曲意逢迎，还是真心赞美，都要在合适的度之内，才能恰到好处，效果显著。否则，就会过犹不及。

在大家心里，艾薇是个公认的“马屁精”。因为她每天都在抓住一切机会赞美领导，起初，领导对于艾薇的赞美还是很受用的，也经常当着大家的面夸赞艾薇会说话，同样的话到了艾薇嘴巴里就像抹了蜜一样甜。然而，就在刚刚，艾薇却得罪了领导，这一切都是因为她的赞美毫无原则，也没有把握好度。

刚才，领导从外面气喘吁吁地进来，说持续高温三十八摄氏度，外面就像大蒸笼。领导原本就有些心脏不好，是早搏，和心律不齐症状有些类似。因为在外面一直奔波，导致她身体感到很吃力，又因为太热了，空气沉闷，她更觉得不舒服。看到领导脸色苍白，有个同事赶紧倒了一杯水给领导。这时，艾薇走过来，不明就里的她只听到领导说身体不适，因而就不分青红皂白地说：“哎呀，领导啊，你看着可不像四十八，简直就是十八岁。你看看，你肤色白皙，尤其是现在，更有一种林黛玉式病恹恹的美，这可是别人想学都学不来的。”领导气息还不匀呢，因而使劲地白了一眼艾薇，没有搭理她。对此，艾薇丈二和尚摸不着头脑，不知道自己哪里说错了。从此之后，领导一听到艾薇说话就很反感，而且原本喜欢把工作交代给艾薇的她，也开始冷落艾薇了。就这样，艾薇从领导面前的红人，变成了被冰封的人。她渐渐觉得工作无望，最终选择了辞职。对她而言，一切只能重新开始。

艾薇原本很喜欢赞美领导，逮住一切机会都夸赞领导。然而，艾薇这次却不小心把马屁拍到了马蹄子上。领导年纪已大，在生活中足以当艾薇的长辈，而且因为在外面又热又累的回来，心脏承受不住，因而非常难受。对此，其他同事端茶倒水，非常担心领导的身体，艾薇却在不知所以的情况下再次开展拍马屁大法，说领导才十八岁。也许这句赞美的玩笑话说在平时，会逗得领导哈哈大笑，但是对于身心俱疲的领导而言，未免恼火。也正因为如此，艾薇的职场生涯才急转直下，最终不得不选择离职，一切重新开始。对于个人职业生涯而言，这是莫大的损失。

任何时候，我们赞美领导，都要适可而止。而且，为了避免拍马屁的嫌疑，我们一定要赞美领导显而易见的优点和长处，也要赞美领导的用心和独特之处，但是却千万不要睁着眼睛说瞎话，胡乱敷衍地赞美领导。而且，领导的职位比我们高，在赞美领导时还要注意方式和方法，不要表现出调侃的意味，否则就会让领导觉得自己不被尊重，甚至因此而恼羞成怒。凡事皆有度，过度犹未及，只有把握好赞美领导的度，我们才能如愿以偿地博得领导的好感。

领导也要注意言辞，批评与表扬都要适当

人是群居动物，人们在一起生活与工作，就是通过不断地表达实现交流。因而，语言表达被提升到很高的高度。尤其是在职场上，不管是上下级之间，还是同事之间，都需要依靠语言进行交流。那么，前文我们说当下属赞美上司时要把握好度，否则就涉嫌“拍马屁”。那么，当领导与下属说话时，是不是也需要讲究语言的艺术呢？答案是肯定的。现代社会，很多时候个人与公司之间是双向选择，不但个人要展示自己，公司也要展示自己，这样做出的选择才更合适。当然，这仅仅指的是面试的时候。那么，在日常相处中呢？曾经人们以为当个领导就是高高在上的，其实不然。现代职场，很多领导都求才而不得，因而对下属也是非常谨慎的。他们不但像对待孩子一样经常表扬下属，在下属犯了错误批评下属时，也更加小心谨慎。毕竟，虽然大学毕业生很多，但是真正的人才却很少。领导与下属之间只有彼此珍惜，缘分才能长久。

作为世界上著名的成功学大师，卡耐基深谙人际相处之道。即使是对于下属，他也非常注意相处的方式方法。有一次，卡耐基交代秘书莫莉为他整理第二天的演讲稿，当时还有几分钟就要下班了，莫莉因为惦记晚上的约会，因而非常匆忙地为卡耐基整理了演讲稿，将其放到卡耐基的办工桌上就离开了。

次日下午，当莫莉正悠闲地坐在办公室里一边喝咖啡一边看报纸时，卡耐基拎着公文包行色匆匆地走进来。莫莉看到他，赶紧问：“卡

耐基先生，演讲一定非常成功吧！”卡耐基点点头，笑着看着莫莉，说：“当然，掌声快把屋顶都掀翻啦！”

“哦，那可太好了，衷心祝贺您！”莫莉心思简单，根本没想到会有其他问题。

卡耐基宽容地看着这个单纯的姑娘，依然满脸笑容：“莫莉，你知道大家为什么那么热情地鼓掌吗？因为我原本计划演讲‘怎样摆脱忧郁创造和谐’的主题，但是当我打开演讲稿开始读时，大家简直笑疯了。因为我读的是怎样增加奶牛产量的新闻。”说着，卡耐基从公文包里拿出一份演讲稿，莫莉不由得满面通红：“对不起，卡耐基先生，我昨天着急下班，犯了严重的错误。我想，我一定害你丢脸了。”

卡耐基宽容地说：“没关系。我还得感谢你呢，因为你这么做增强了我临场发挥的能力！”自从发生这件事之后，莫莉在工作上再也没有犯过同样的错误。她知道，卡耐基先生是因为宽容仁慈，才没有严厉地批评她，而是给她留足了面子。

如果卡耐基严厉地不顾情面地批评莫莉，一定会让这个善良可爱的姑娘无法承受。当然，卡耐基并不想因为这一次的错误而失去莫莉，而且他也相信莫莉在经过这次错误之后，肯定会更加认真努力地工作。因而，卡耐基采取这样幽默的方式提醒莫莉，果然起到了良好的效果。

工作中，每个人都会犯错误，尤其是初入职场的新人。作为领导，当然不仅仅是义正言辞地指出下属的错误，不留情面地批评下属，也应该想办法帮助下属成长，不断地提升下属，最终使其越来越成熟，足以胜任工作。只有与下属共同成长的领导，才是真正的好领导。所以，如果你恰巧也是一名领导，那么一定要掌握语言的艺术，学会与下属更好地相处哦！不管是赞美还是批评，只有方法得当，才能起到良好的效果。

说话“有板有眼”，展示你的领导威严

身处职场，与同事打交道，最重要的就是能力的被认可。可见，我们在说话的时候，要讲究策略，要想博得威信与同事的支持，就要“有板有眼”。因为从心理角度看，人们觉得那些说话沉稳的人更值得信任，更愿意支持他们。

身处职场，我们在同事中的威信是由自己的言行树立起来的。有时候，我们与同事的谈话不是朋友之间聊天，如果与对方谈了一个小时都没有说出一句有决策力的话，那这场交谈就是无效的。那么，我们具体应该怎样说话呢?

1.注意态度，不可目中无人

要在同事间树立威信，我们就应该在讲话中时刻注意其他同事尚未发现的问题。言谈举止中要有个人魅力，处处起表率作用。而且还要根据不同对象和不同环境发挥自己的讲话技巧，但切忌态度高傲，目中无人。

2.放低姿态处理与同事间的不同意见

一个没有主见、被人左右的人无法得到下属同事的尊敬与服从。所以我们必须维护自己的威信。因此，我们在与同事交谈时，应摆出兼收并蓄、取长补短、求同存异的姿态。碰到情况不是忙于下结论，忙于批驳对方，而是以低调姿态，但主导性很强的话说出自己的看法，比如：

你的意见还是不错的，但是如果换一个角度看，会怎么样？

我的想法和你不同，我们可以交换一下意见吗？

嗯，让我考虑一下，我们可以明天再谈这个问题。

这样的话语不失威严而且易于被对方接受。

3.尽量最后表态

中国人是最具有“重点置之于后”的心理因素的。所以我们不能抢着说话，越是最后说话越有权威。

在与同事谈话时，应该让对方充分地把意见、态度都表明后，自己再说话。让对方先谈，这时主动权在我们这一边，可以从对方的说话中选择弱点追问下去，以帮助对方认识问题，再谈自己的看法，这样易于让对方接受。在对方讲话时自己思考问题，后发制人，更能让对方认可我们的说话能力从而信任我们。

4.注意表达

我们要想在同事中树立威信，除了要注意自己的态度和说话的方式外，也需要注意表达方法。

①我们说话要言简意赅、长话短说。句子说得短一些，不仅说起来

轻松，听起来省力，吸引力也强。

② 话一定要有条理，要吐字清晰，语速适当。在说话时要坚定而自信，力度要适中，注视着对方的眼睛，这样才显示出自己是充满自信和颇有能力的。如果讲话时眼睛不敢正视，会使同事觉得你意志薄弱，容易被人支配。

③要学会用幽默的风格讲话。幽默的话，易于记忆、又能给人以深刻印象，正是自我标榜的商标。尤其在工作场合，一般是不适宜开玩笑的，但是如果我们能够恰当地开几句玩笑，恰恰说明我们的特殊地位。

5.不要害怕承认错误

有时你会对某些人企图解脱自己的错误所花的脑筋和时间之多感到惊讶，其实这都是没有必要的，一个人不可能老是正确的。如果有百分之六十是正确的，而他又能迅速改进其他百分之四十，那他就是非常了不起的人，大多数人都尊敬那些直截了当承认错误的人的，这是大人物的特点。

因此，我们要想在同事中树立威信、让同事产生信任的心理、获得同事的支持，在说话的时候，就一定要讲究策略，用语言影响对方的心理！

恩威并用，获得下属的信任和支持

作为职场的一分子，上司也需要与人打交道，尤其是与下属。毫无疑问，领导者的语言对维护领导者形象，树立领导者威信起着重要作用。以领导的身份说话不是随心所欲的交谈，而是一种很重要的沟通活动。不管是在什么场合，领导说出的话都要言之有物、言之成理。都要求领导能充分地表情达意，侃侃而谈。领导的话要有启发性，要能鼓舞下属。总的来说，上司要想获得下属的信服，说话时一定要恩威并用。因为领导与下属之间是一种权力、等级差别的关系，只有恩威并用才能维持这种关系，也才能树立在下属中的威信，从而获得信任和支持。

上司如何用自己的语言来赢得足够的威信是领导语言艺术的一个关键问题。那具体来说，我们该怎样才能在说话的时候做到恩威并用呢？

1.要给予下属积极的刺激与激励

优秀的领导应该尽量表扬他的下属的才干和成就，要尽可能地把荣誉让给下级，常肯定下属的进步和优异表现，遏制自己的虚荣心。应该把自己摆在后面，这样下级就会为你尽心竭力，形成一种良性循环。

2.要表现得平易近人

这样做有助于拉近你和下属之间的关系，培养一种归属感。

3.要表现出作为一个领导者的远大志向

这样，会使下属觉得跟随着你去奋斗是很有前途的。他们才有信心跟随你，拥护你。

4.要显出作为一个领导者应有的霸气

每位领导都应该有属于自己的威慑力，这样才能使得下属对你服从。这种霸气体现在领导的语言风格上应该是典雅庄重的。

5.语言干脆，当机立断

领导者的威信可以在平时的说话中得以体现。对于自己权限范围内可以决定的事，要当机立断，明确“拍板”。比如车间工人上班经常迟到、早退，不听调配。对于这种违反纪律的行为就应果断决定“停止工作，等岗留用”。如果下属向领导请示某动员会议的布置及议程，领导认为没有问题，就可以用鼓励的委婉语调表达：“知道了，你看着办就行了。”这种表述既给了下属行动的权力，也给了下属支持与鼓励。

我们都知道，得体的语言对于任何讲话者的形象都非常重要，对于领导而言更是如此。领导者以语言树立自己的威信，通俗地说就是要使自己的话让下属相信并且信服。懂得以上这些心理策略，让下属信服，这样他们就会自然地去支持你，这就是威信。只有具有了这种气质，才能卓有成效地指导工作。

巧妙汇报工作，句句话说到上司心坎上

说话是一门重要的学问。一个人来到一个企业，很重要的一件事情就是要学会说话。因为我们不仅要与同事沟通，更要与上司沟通。我们如果能与领导进行有效沟通，建立并保持良好上下级关系，这对自己以后的成长非常有利。作为一个下属，免不了要和上司在工作上有往来。也就难免要向领导汇报工作，一个成功的职场人士也必然是一个善于汇

报工作的人，因为在汇报工作的过程中，他能得到领导对他最及时的指导，更快地成长；也因为在汇报工作的过程中，他能够与主管上司建立起牢固的信任关系。可见，我们要想赢得上司的信任，就必须掌握领导的心理，学会巧妙汇报工作，把句句话说到上司心坎上，令上司满意于我们的表现。

那么，我们应该怎样汇报工作呢？

1.主动汇报

作为上司都有这样的心理，即使再忙，都希望能掌握每个下属的工作动态。因此，如果我们能主动汇报工作的话，那么便是给上司吃了颗定心丸，上司自然也会满意我们的表现。

实际上，很多下属往往摄于周围人际环境的压力，唯恐领导责备自己，害怕见到领导，不主动汇报工作，也失去了展示才华的机会，更重要的是，也会失去上司的信任。

2.表达服从

古往今来，上下级之间，下级服从下级，这是天经地义的事，虽然也有很多下级冲撞上级，但他们都为此付出了代价，当今职场，这一规则更是不可动摇。在汇报工作的时候，这一点更是我们应该注意的。也就是说，汇报工作，我们要尽量把焦点放在“汇报”上，而不是越权，更不能说越位话。

3.汇报要有重点

给领导汇报工作时，有时是一件事，有时是两件事甚至几件事，但对每件事都应考虑周全，突出重点，千万不可重复表达，啰唆冗长，力求做到重点突出，这样既节约了领导的时间，又体现了自己对工作的熟悉程度、对问题的把握能力、语言表达能力，同时又提高了工作效率。

越是职位高的人，需要处理的事就越多，不可能把每件事都管过来。上司把某项工作交给你，是对你的信任，是对你工作能力的肯定。如果遇到鸡毛蒜皮的事也去向上司请示汇报，上司就会怀疑你的能力了。而且，事无巨细，统统汇报，也有邀功之嫌。比如一个负责行政的，对完成的车辆派用的汇报也没多少价值，对一些与通常情况下不一样的处理倒是有必要汇报一下的。

4.条理要清晰

给领导汇报前不妨先打好腹稿甚至是文字汇报稿，一、二、三、四、五，言简意赅，层次分明，用最精练的语言，较准确的表达自己的汇报意图。

5.把握领导倾向性意见

有时一件事只有一种解决办法，有时有多种。因此，汇报前要考虑领导倾向哪一种方法，那就把某一种方法放在前面先说，然后再把其他建议也一并给领导汇报，供领导参考决策。

6.多提解决的方法

汇报工作最重要的是提出解决问题的方案而不是简单地提出问题。要记住，汇报问题的实质是求得领导对你的方案的批准，而不是问你的上司如何解决这个问题，否则事事都要上司拿主意，要下属还有什么意义呢。我们去找领导汇报工作时要预备多套方案，并将它的利弊了然于胸，必要时向领导阐述，并提出自己的主张，然后争取领导批准你的主张，这是汇报的最标准版本。假如你进行的总是这样的汇报，相信你离获得晋升已经不遥远了。

7.关键地方多请示

聪明的下属善于在关键处多向领导请示，征求他的意见和看法，把领导的意志融入正专注的事情。关键处多请示是下属主动争取领导的好办法，也是下属做好工作的重要保证。何为关键处？即 “关键事情” “关键地方” “关键时刻” “关键原因” “关键方式”。

在了解了以上汇报工作的方法后，我们大致便能抓住上司的心理，从而让上司从心理满意我们的表现了。

第13章

表达到位气氛好，会说话让你左右逢源

随着社会的发展，人与人之间的交往日益频繁。社交作为人们相互沟通交往的纽带和桥梁，显得更加重要。正如一句名言中所说的那样：“一个人成功的因素，归纳起来15%得益于他的专业知识，85%得益于良好的社交能力。”可以毫不夸张地说，社交可以成就一个人，同样也会毁了一个人。而社交是心与心的碰撞，心理学在人际交往中具有十分重要的作用。因此，掌握一些心理说话技术会帮助你成为一个深谙交际语言的人，从而使你成功获得良好的社交关系。

用语言暖场是我们要掌握的重要心理策略

生活中，我们与人打交道，会遇到这样的情况：大家似乎都不愿意主动开口而导致了冷场、尴尬，此时，我们该如何是好？要知道，开口交谈是人际交往中最重要的步骤之一。处理好这一步可以使交谈气愤迅速融洽起来，使我们结识很多有趣的朋友，而处理不好会引起尴尬，失去很多机会。可见，用语言暖场是我们要掌握的重要心理策略。而用语言暖场，也并不是毫无章法的。我们来看看下面这个故事：

暖场的话也不是随便说的。有人因为会表达而说出让大家都舒服的话而受欢迎，有人则因为表达方式不当而在人际交往中吃亏。从人们的心理角度看，每个人都希望别人能说出自己喜欢听的话。因此，我们要想做好暖场工作，需要从以下几个方面努力：

1.保持良好的说话态度

在公共场合下，我们的每一句话都会产生或好或坏的影响。正是这样，无礼的言行就像留在他人心中的伤疤难以愈合。一针见血地指出人的缺点，他人可能会错把自己的好心当成恶意对待，这样岂不是费力不讨好。因为自己说话方式不妥当，别人会把自己的忠言当作胡言乱语，要么敬而远之，要么置之不理。说话太鲁莽，只会伤人伤己。

2.以对方感兴趣的话题暖场

一般而言，说话时要选择大家都感兴趣的话题，而不是只顾自己说，不然他人就会感到厌倦，也就是我们常说的：没有共同语言。如果我们能很好地找到共同感兴趣的话题，会使他人感到亲切，很了解他，找到了知己，双方也会快乐不已，使之感情更加深厚。那么，在公共场合，我们可以选择大家都关注的一些话题，比如，时事政治、体育、房价等，即使在场的人不是很了解这些，但也或多或少能说上几句，也不至于插不上话。当大家你一句我一句的开始谈话时，我们的语言也就起到了暖场的作用了。

3.幽大家一默

公共场合，适度幽默能迅速引起大家的注意，并能起到良好的沟通作用。有这样一个故事：

古人曰："口者，心之门户也。"语言表达的技巧是沟通心灵的桥梁。是否会说话，不仅使自己开辟出更广阔的交往空间，而且能使他人感到快乐与温馨。人际交往，尤其是在公共场合，学会如何暖场是掌握说话艺术的重要部分！

冷场时，如何炒热气氛

如果你经常参加社交，你一定知道冷场是非常尴尬的。因此，每一个与他人交往的人，都希望气氛能够融洽而又热烈，因为唯有如此，交谈才能更加顺利和深入。而面对冷场，在场的所有人都会觉得难堪，尤其是当大家都不知道如何打破冷场时，那么连空气都似乎会凝结起来。因而，要想成为社交达人，我们必须具备的能力就是打破冷场，使气氛重新变得热烈而又活泼。这样人们才能敞开心扉畅所欲言，也才能释放情绪尽情地嗨起来。

1984年5月，美国总统里根来到中国上海的复旦大学，进行访问。学校安排里根总统与一百多名学生代表见面。学生们因为要与美国总统见面，全都非常紧张。为了帮助学生们消除紧张的情绪，里根总统非常友好地说："实际上，我与大家虽然初次见面，但是我与大家却很有渊源。我的夫人南希与你们的谢希德校长，曾经都在美国史密斯学院读书和学习。他们是校友，所以我们也是亲密的好朋友！"这句话，让台下学生们紧张的心情瞬间得到释放，他们给予了里根总统非常热烈的掌声。正是因为如此精彩绝伦的开场白，才让里根总统接下来的演讲非常顺利，现场的气氛也出乎意料地热烈、融洽。

在这个事例中，虽然没有冷场，但是学生们面对里根总统还是非常紧张和拘谨的。幸好里根总统以风趣幽默的话与大家拉近距离，这才让大家的心放松下来。尤其是在人多的场合，热烈的交谈氛围非常重要。

否则，尴尬的就不只是某个人了。

在人际交往的过程中，我们也应该向里根总统学习，以幽默风趣的语言与人套近乎，主动表示友好。也许有人会说自己没有合适的理由与他人套近乎，其实生活中可以用来套近乎的理由特别多，但最重要的是你必须用心。

公司举行年度大会，善谈的丽娜在自助餐环节认识了很多人。正当大家在一起侃侃而谈时，突然因为某个同事的话尴尬地冷场了。这时，在场的人都不知道应该说些什么打破沉默，丽娜却活泛地说："哎呀，我们刚才在说什么来着？怎么现在已经离题千里了呢！这样吧，我再想个好玩的话题，咱们接下来每个人都说说自己的家乡，也说说家乡的特产。我觉得这个是特别有意义的，可以作为我们的旅游指南使用哈！"丽娜的话得到了大家的热烈响应，每个人都兴致勃勃地开始诉说自己的家乡。现场的氛围很快又热闹起来，还吸引了很多其他的同事也加入进来，大家你一言我一语地说得不亦乐乎！

很多话题都可以作为打破冷场所用，当然，最好像丽娜一样说些能够调动所有人积极性的提议。否则气氛很难变得热烈。当然，如果现场的人很少，或者你只是与某一个人在一起，那么也可以说些顺手拈来的话题，诸如天气，诸如自己的糗事，诸如生活中能够引起他人共鸣的小麻烦等。只要你能想到，且不至于无意中误伤对方的话题，都可以拿来闲聊。所谓聊天，只要聊得起来就好。

所谓救场如救火，在尴尬冷场时，能够积极调动气氛赶走尴尬和难堪的人，一定会受到大家的欢迎。

含蓄地回避矛盾是一种战术

含蓄地回避矛盾，这是一种战术，简单地说，就是当自己处于劣势的时候不便直接与对方抗衡，而采取你进我退，你退我进的战术，如此巧妙地回避，躲过对方的进攻。而且，在日常交际中，我们在进行语言表达的时候，也常常会用到这样的口才心理策略。含蓄地回避矛盾，其实就是一种拖延战术，目的是为了找到沟通的最佳点，可以说是为了争取更多的时间来保证沟通的顺利进行。同时，回避了沟通中的矛盾，打造了轻松愉快的语境，这样更能打动对方。

在沟通过程中，当对方采取言语攻击的时候，或者沟通本身出现了障碍的时候，我们可以含蓄地回避矛盾，远离原来所谈的话题，巧妙地躲过彼此之间的矛盾，突破沟通的隔阂，让沟通得以顺利进行。有人说："说话要越短越好。"但是，大量事实证明，使用简短的语言并不是单刀直入地说，我们可以把话说得含蓄，巧妙回避矛盾，然后，一针见血地提出自己的意见，这样，将更容易打动对方。

在一次新闻界的餐会之中，美国总统艾森豪威尔应大家的要求站起来说话。他说："大家都知道，我不是善于言辞的人。小时候我曾经去拜访过一个农夫，我问这个农夫：'你的母牛是不是纯种的？'他说不知道，我又问：'这头牛每个星期可以挤出多少牛奶呢？'他也说不知道。最后，他被问烦了，就说：'你问我的我都不知道，反正这头牛很老实，只要有奶，它都会给你。'"艾森豪威尔笑了笑，对所有在场的新闻界人士说：“我也像那头牛一样老实，反正有新闻，一定都会给大家。”这几句话让大家哄堂大笑，记者纷纷都明白过来了。

艾森豪威尔在这里就使用了含蓄的语言表达方式，他并没有正面回答新闻记者的问题，而是兜着圈子告诉大家：“你们没事就别紧追着我问，反正我有新闻一定会给你们的嘛！”而且，语言恰到好处地表达了自己对新闻媒体总是紧紧追问的反感，而且含蓄而又幽默的表达方式令在场的人都忍俊不禁，为整个餐会营造了愉快的氛围。

在我们日常交际中，都会或多或少地运用到这样的语言策略。比如说话绕圈子；用比喻、影射的方法举例说明；讲故事、寓言；找出彼此之间的关系；采用游击战术，不正面冲突、拖延时间、静观其变等。

那么，我们在回避矛盾的时候，应该注意哪些问题呢？

1.保持平和的心境

遭遇对方的言语攻击，我们需要做的就是学会控制自己的情绪。在这时候保持平和的情绪，对自己十分有利，一方面可以表现自己的涵养，另一方面保持平和的情绪，可以冷静从容地思考出最佳的对策。

2.含蓄地表达

对他人无理的言语攻击，我们可以含蓄地表达自己的不满情绪，但不宜锋芒毕露，而是需要旁敲侧击，这样可使对对方无小辫子可抓，这样的表达方式更有效果。

良好的交流，离不开轻松愉悦的交谈氛围

良好的交流，离不开轻松愉悦的交谈氛围。假如谈话陷入僵局，交谈自然也会变成不可能进行的事情，甚至还会被迫终止。因此真正擅长交流的人际交往高手，除了滔滔不绝、口若悬河之外，更是懂得营造良好的交流氛围，从而让交流更加顺利进行下去。

良好的沟通氛围，使交谈的人更加放松，而且心理上不会过于紧张不安。在轻松的状态下，他们更容易敞开心扉，与他人坦诚相见。与此相反，假如每个人与他人交谈时，总是心怀戒备，那么交谈必然只能很快地结束。很多人在交谈方面都存在一个误区，即觉得与陌生人交流时，因为是初次见面，所以一定要非常正式、一本正经。实际上，过于紧张的交谈氛围，只会使得交谈的人全都紧张不安，更不敢把心里话坦诚地说出来。正因为如此，有些人如果想要与其他人深入交流，会选择在昏暗的咖啡馆里，或者与熟悉的人交谈时，还会佐以小酒，这样在微醺的状态下，交谈的人更会真情流露，也因为每个人都敞开了心扉，使得交谈的氛围更好。

总而言之，交谈的氛围从某种程度上决定了人们交谈的深入程度。唯有在轻松愉悦的环境中，交谈的人才会更加放松，也更愿意袒露内心。遗憾的是，在与他人交往时，尤其是在与陌生人初次见面时，我们时常会遇到很多人都是“闷葫芦”，他们从来不主动搭讪，而且对于他人的寒暄也显得很沉闷，甚至不愿意回答。这是因为他们性格内向，因

而不知道应该如何对他人做出积极回应，也不知道如何主动向他人示好。从本质上而言，沟通实际上是非常主动的交际行为，当人们选择不主动沟通，或者在沟通中总是沉默，从某种意义上也正表现出他们对于沟通的抵触，从而也会给交往对象带来巨大的心理压力。

那么与陌生人初次见面时，我们到底应该怎样做，才能营造出轻松愉悦的谈话氛围呢？实际上，营造良好的谈话氛围也是有技巧的。

第一，我们要从自身做起，带个好头。很多人本身对于陌生人就心怀戒备，恨不得像防范一个“坏人”那样防范陌生人，自然无法做到轻松自如地面对陌生人。在这种情况下，我们与陌生人之间的气氛当然会变得紧张起来，而且我们与陌生人的关系也会非常不友好。所谓己所不欲，勿施于人，我们要想得到陌生人的善待，就要真诚、友善、敞开心扉地面对陌生人，这样我们才会得到陌生人同样的对待。

第二，我们与陌生人交谈时要尽量放松，千万不要草木皆兵，对于陌生人任何不如我们意的表现，我们都应该宽容，毕竟人与人之间的交往需要漫长的磨合过程，绝非三言两语的交谈就可以实现的。

第三，很多朋友说话的时候总是语速过快，给人形成压迫感，如果是熟悉的朋友尚且还能了解他们的说话特点，但对于陌生人而言，面对一个说话如同连珠炮一样的人，难免会觉得尴尬和无所适从。所以哪怕你平日里说话语速过快，在面对陌生人时，也应该尽量减缓语速，从而让自己的思维能够与语速相适应，做到相得益彰，互为补充，也能避免因为思维滞后，导致说出让自己后悔的话来。

第四，我们不了解陌生人，陌生人也同样不了解我们，因而如果陌生人做出什么让人无法理解的事情，我们也要怀着宽容的态度，绝不轻易对陌生人挑剔和苛责。毕竟，金无足赤，人无完人，我们的宽容也必将换来陌生人的宽容，这样人际关系才能顺利发展，取得更大的进展。

最后，既然是沟通与交流，就一定不是单方面的事情。在沟通过程中，我们与陌生人之间很容易产生思想的碰撞和摩擦，当意见不一致的时候，我们要与陌生人积极沟通，允许求同存异，哪怕一不小心陷入尴尬和难堪之中，我们也要积极主动地转移话题，或者以其他话题打破尴尬和沉默。这样一来，我们与陌生人当然可以更融洽地沟通，也能够更好地相处。

总而言之，与陌生人交谈时，良好的氛围对于谈话的影响很大。我们唯有营造轻松愉悦的交谈氛围，才能使得交谈更加深入，更加顺利进展下去。否则，在严肃紧张的气氛中，只怕大家连话都不愿意说，又谈何真诚和坦率地交流呢！

学会说点赞美他人的话

美国有一个心理学家曾经说过：“受到别人的赞美、钦佩和尊重是每一个人内心中的最深企图之一。”每个人都十分在乎别人对他的评价和看法，渴望从别人的赞美声中获得自信，肯定自己的价值。因此，在交际场合我们应该懂得一个最基本的常识，那就是在善意亲切的气氛之中，用真诚的态度去赞美别人，适当地说上几句“恭维”的话。当我们懂得如何去恭维别人的时候，也就意味着在人际关系上前进了一大步。

在现代社会中，一个人的交际水平高低并不仅仅取决于个人知识修养的渊博，言谈举止间的雍容华贵，而是取决于受欢迎的程度。一个人要想取得别人的欢迎和真诚的相待，就应该学会说点儿“恭维”话。换句话说，一个人具有良好的“恭维”别人的习惯，也就成为他建立一个成功交际关系网的重要前提。

不过，还有一些人虽懂得“恭维”别人的重要性，却在自以为是的潜意识中犯下原则性的错误。他们觉得，恭维别人是最简单的技巧，用好话连篇无限夸张的方式就能获得对方心情上的愉悦，取得别人对自己的信赖感。实际上，“恭维”远不是想象中的那么容易，见人就说“久仰大名”“如雷贯耳”的套话、空话没有任何的意义，给对方的印象绝非是亲切真诚，反而是油嘴滑舌、逢场作戏。假如，在和别人的谈话之中，恭维的话语用得过滥过多，还可能会让别人感觉到不自在，大量肉麻的话因为缺少了真诚而失去存在的意义，别人会觉得你言过其实的恭维不过逢场作戏敷衍了事而已，不仅没有丝毫的欢喜之情，反而会觉得受到了侮辱和愚弄。

在生活之中，恭维别人是应该的，但是我们应该掌握适度的原则，任何赞美的方式超出了别人可接受的范围都会产生负面的作用。掌握适度的原则，大致说来，我们可以从以下几个方面来着手：

1.感情要真诚

“恭维”并不是说假话的代名词，而是表示尊重对方的一种外在形式。因此，在说恭维话的时候，切忌面无表情、语言枯燥，否则的话，会给人虚假和勉强的感觉。我们应该记住，恭维别人的重要目的就是要缩短两者之间的心理距离，为建立深厚的友谊而打下良好的基础。产生友谊不可或缺的先决条件就是要有真情实感，只有在说恭维话的时候带有必要的真实感情，才能取得想要的效果。形式化的赞美，客套词语的大量组合，如果缺乏个人感情存在，那么让别人听了就会觉得你是在说反话来讽刺他们。尽管你的出发点是好的，但是失去了感情因素，也就失去了表现个人想法的机会，搜肠刮肚想来的美丽词句也就变成了陈词滥调。只有带有真情实感的语言才能让两颗陌生的心灵形成有效的互动，既能表达出自己内心的美好感受，又能让别人明确地感知到你对他真诚的赞美和肯定。

感情真诚，是“恭维”的首要条件，这样对方才不会产生尴尬和误解，交际的双方才能在短时间内产生心理上的共鸣。

2.要有具体的内容

在这个世界上，不同的人有着不同的性格和爱好以及特长，每个人的心里都愿意让别人发现和肯定自己的优点。在我们对别人说一些“恭维”话时，对不同的人要有不同的恭维方式，切忌千篇一律。比如，你可以对某一个女同事说：“你这件衣服很好看，这种款式很适合你的年龄。”而不能机械地说：“你很漂亮。”只有具体的内容，才会让别人听出你的真诚来，自然而然地就会和你拉近心理的距离。含糊其辞的赞美，就显得“假大空”了些，别人对你的信任度就会大打折扣，甚至引起猜忌，从而让两者之间产生不必要的误解和矛盾。

安德烈·毛雷斯曾经说过：“当我谈论一个将军的胜利时，他并没有感谢我。但当一位女士提到他眼睛里的光彩时，他表露出无限的感激。”我们可以从中看出，恭维的话并不是“假大空”的组合，而是要从具体的内容之中发现对方的优点和特长，只有这样，才能称得上“恭维有术”。

3.不可过于夸张

我们不否认“恭维”带有一定的夸张成分存在，但并不意味着无限的放大和吹捧。适当夸张一下能够带来明显的效果，既能让自己的感情得以表达，又能让对方在愉悦的心情中接受。但是，过度的夸张就会显得虚情假意，在别人听来也会觉得你是因为有事相求而阿谀奉承、溜须拍马，从而对你的人格产生轻视的态度。

每个人都喜欢听到赞美的语言，这就要求我们要适当地说点儿“恭维话”，但是不分对象、不分时机、不分场合是最忌讳的，绞尽脑汁寻找出的词语未必是最好的表达语言，得到的回报往往也会因为无限夸大的恭维而落得个事与愿违。

与陌生人交谈，先说一些套近乎的话题

在面对陌生人时，要想与其拉近距离，更加亲近，就必须与其套近乎。套近乎方式有很多，诸如聊聊天气，说说无关痛痒的话题。然而，最有效的套近乎方式，还是说说对方感兴趣的人和事，或者说些双方的共同点。也许有人会说，我不需要与他人套近乎，因为我从来不和陌生人打交道。难道和熟人打交道就不用套近乎吗？套近乎并不是陌生人之间的专利，很多情况下，熟人之间要想说正题，也需要先套套近乎，沟通沟通感情，铺垫铺垫感情，这样才不至于显得突兀。况且熟人之间熟悉的程度也是各不相同的，有些熟人彼此特别相熟，不管说什么或者做什么，都能心灵默契。但是有些熟人却只是仅有一面或者数面之交的人，根本算不上真正的了解。尤其是在与后者交谈时，先从一些套近乎的话题开始，是很有必要的。

每个人从心理上都更接受自己人，这一点是毋庸置疑的。对于不那么熟悉的人或者陌生人，虽然人们也存在一定的好奇心，但是却不会坦然接受、真正包容和接纳对方。在此基础上，人们更喜欢和自己人打交道，不管说话还是办事都更加方便快捷，也省去了很多互相不信任的烦恼。从这个角度来说，如果我们能够在套近乎的时候选择最恰到好处的人称代词，诸如不用“我”，而多说“我们”，虽然看似只有一字之差，也是能够顺利拉近人们彼此间距离的。

作为美国著名的矿冶工程师荷蒙，毕业于举世闻名的美国耶鲁大

学，此后还去了德国的弗莱堡大学进行学习，取得了硕士学位。然而，正是这些名牌大学的毕业证和学位证，使他在找工作时候遇到了麻烦。毕业之后，荷蒙就带着自己的文凭去了美国西部，他知道那里有个很大规模的矿，矿主是赫斯特。出乎他的预料，当他自豪地介绍完自己的文凭，却遭到了赫斯特的否决。原来，赫斯特没有读过书，是个地地道道的粗人，因而他也最讨厌和书呆子打交道，尤其是那些脑筋迂腐、观念陈旧的工程师。为此，他根本没有接赫斯特双手奉上的文凭证书，而是毫不留情地说："我不需要你这样的人才！你还是另找高明吧！"至此，荷蒙完全见识到了赫斯特的固执和古怪。他困惑地问："为什么呢？我学习的就是矿冶啊，正是你需要的人！"

赫斯特毫不掩饰地说："我没有文凭，连大学的门是朝着哪里开的都不知道。你既然毕业于弗莱堡大学，还是一个硕士。那么，你的脑子里一定装满了让我厌恶的理论，它们根本毫无用处，只会把人的脑子都弄得僵化起来。我不需要这样的工程师，真的！"荷蒙听了赫斯特的话之后，一下子就意识到问题出在哪里了。他故弄玄虚地说："其实，我有个秘密想告诉你。不过，这个秘密不能被我父亲知道，所以你必须答应我保守秘密。"赫斯特觉得好奇，追问："哦？到底是什么秘密呢？"赫斯特小声说："实际上，我是被父亲逼着去读学位的。在弗莱堡的三年里，我几乎什么也没学到，白白浪费了我父亲供养我的学费。"听到这里，赫斯特情不自禁地笑起来，说："既然如此，那你就明天过来报道吧！"

因为赫斯特不喜欢有学历的人，因而他也很讨厌有学历的人，为此也迁怒于荷蒙，不愿意接受荷蒙的求职申请。对此，荷蒙采取迂回曲折的方式，告诉赫斯特自己的硕士学位完全是混出来的，根本不值一提，也没有任何含金量。如此一来，即便赫斯特知道荷蒙是在说谎，也会意识到荷蒙是在和他套近乎，荷蒙很愿意留在他的矿上工作。赫斯特如何能够拒绝这个灵活机智套近乎的好下属呢，只好笑着让荷蒙第二天来报道了。

生活之中，我们很多时候都与他人之间存在距离，要想顺利实现自己的心愿，或者促使某件事情的成功，我们不得不与他人打交道时，灵活机动地采取诸多套近乎的方式，拉近自己与他人之间的距离，从而更好地与他人相处。人与人之间真正的距离，是在于心理上的距离。唯有心与心接近了，才能心灵默契，也才能让沟通和相处变得更加顺畅愉快。

参考文献

[1] 连山.心理学与口才技巧[M].北京：北京联合出版公司，2017.

[2] 刘丽云.所谓情商高，就是会说话办事[M].北京：三辰影库音像出版社，2017.

[3] 文德.心理学与情商、气场、影响力[M].北京：中国华侨出版社，2015.

[4] 朱玉红.心理学与口才技巧[M].北京：中国纺织出版社，2014.